内蒙古工业大学　北方工业大学　山东建筑大学　烟台大学

呼和浩特宽巷子民俗文化片区城市更新设计：
2023 年北方四校联合城市设计

郝占国　段建强　李冰峰　李鹏涛　梅永发　编著

中国建筑工业出版社

图书在版编目（CIP）数据

呼和浩特宽巷子民俗文化片区城市更新设计：2023
年北方四校联合城市设计 / 郝占国等编著 . -- 北京：
中国建筑工业出版社，2025.11. -- ISBN 978-7-112
-31320-4

Ⅰ. TU984.226.1

中国国家版本馆 CIP 数据核字第 2025J3D032 号

责任编辑：刘　静
责任校对：张惠雯

**呼和浩特宽巷子民俗文化片区城市更新设计：
2023 年北方四校联合城市设计**
郝占国　段建强　李冰峰　李鹏涛　梅永发　编著
　　＊
中国建筑工业出版社出版、发行（北京海淀三里河路 9 号）
各地新华书店、建筑书店经销
北京雅盈中佳图文设计公司制版
北京卡梅尔彩印厂印刷
　　＊
开本：850 毫米 ×1168 毫米　横 1/16　印张：6　字数：173 千字
2025 年 8 月第一版　2025 年 8 月第一次印刷
定价：**88.00** 元
ISBN 978-7-112-31320-4
　　　　（45351）

前言

随着城市化进程的加速，房地产进入存量更新时代，城市发展面临着诸多挑战，如城市空间拓展、旧城改造、生态环境保护等。这些问题需要以城市设计作为重要手段来解决。因此，城市设计研究的现实需求日益凸显，这对于提升城市品质、改善人居环境、促进可持续发展等方面具有重要意义。

城市设计作为建筑学专业教学的一项重要内容，正日益受到关注和重视。城市设计不仅关注建筑本身的设计，更关注建筑与周围环境的协调与融合、城市空间对人的生活行为方式的影响，以及城市的历史文化传统。通过城市设计，可以创造更加宜居、美观、和谐的城市环境，为人们提供更好的生活空间和城市体验。

北方四校联合城市设计系列教学活动，由北方工业大学、山东建筑大学、烟台大学、内蒙古工业大学的四年级师生共同参与，自 2015 年起举办，迄今已近 10 年。此教学活动是国内建筑高校建筑学专业中举办较早、持续时间较长的联合城市设计教学活动，对四校师生的城市设计学习有重要的作用。与独立教学相比，联合城市设计由四校轮流在当地选定基地、制定任务书，可以让学生在不同地域、不同气候、不同文化的城市环境中，面对工业建筑、老旧小区、历史保护建筑、商业办公建筑等多种类型的更新和创新设计项目，从而得到更多的锻炼机会。同时，每次开题、中期考核及最终答辩均采用在不同学校巡回的方式进行，四校师生可以进行充分的学术交流，教学相长，教学效果十分显著。经过多年的磨合，北方四校联合城市设计教学活动日益成熟，各校城市设计的教学水平也得到极大提高。

本次活动由内蒙古工业大学建筑学院主办，设计地块选取呼和浩特市（简称呼市）老城区"宽巷子民俗文化片区"，用地总面积约 58 公顷。片区内以老旧多层居住建筑为主，同时包含网红传统食品街、商业步行街、商务办公建筑、教育建筑及历史文化建筑等多重业态。本次选题拟通过对"宽巷子民俗文化片区"的更新设计研究，探讨如何在城市存量空间更新发展的新形势背景下，延续民俗文化片区传统空间肌理，为其自我更新注入新的活力。

按照活动惯例，每次联合城市设计的成果均要结集出版。本作品集编入了四个学校八组学生的最终作品图纸、设计任务书、联合教学活动各个环节的记录，以及参与联合设计的学生感言。参加联合城市设计教学辅导工作的四校教师主要有：卜德清、王小斌、李海英、胡燕、任震、周忠凯、高晓明、宋文鹏、张巍、高宏波、段建强、李冰峰等。同时，各位教师和学生也为本作品集的编制贡献了智慧和辛勤的劳动，在此表达由衷的感谢！本作品集的出版是北方四校联合城市设计教学活动的宝贵记录，也可为从事城市设计的教学、科研人员及建筑学专业的本科生、研究生提供参考。

贾晓浒

2025 年 3 月于呼和浩特

目 录

1

设计进程回顾

1.1 开题调研

2023年9月5~7日，四校的师生齐聚草原青城——呼和浩特，开始了本次联合设计的开题调研活动。

9月5日上午，开幕式在内蒙古工业大学建筑学院李大夏报告厅举行。首先，内蒙古工业大学李冰峰老师讲解了本次联合城市设计的基地——呼和浩特宽巷子民俗文化片区的概况和设计任务书。随后，各校师生聆听了内蒙古自治区将军衙署博物院古建部主任张晓东高级工程师所做的专题讲座"呼和浩特历史建筑与城市发展"，对呼和浩特的历史文化有了深入的了解，找到了片区城市更新设计的背景和依据。讲座结束后，大家一起参观了由建筑学院教师团队在建筑馆内建立的内蒙古传统建筑博物馆，进一步加深了对内蒙古地域建筑文化特色的认识。

开幕式后，现场调研工作随即展开。本次现场调研以各校学生混合编组、教师分组指导的训练营模式进行。各组学生白天在基地进行现场观察、记录和采访调查，晚上进行资料整理、汇总和分析讨论，完成调研汇报文件。

经过紧张的现场调研和小组协调工作，9月7日上午，开题调研汇报在建筑学院C馆虚拟实验室举行，并采用腾讯会议为其他三校未到现场的师生进行了线上直播。各组学生对基地的历史沿革、交通与停车、景观环境、建筑质量、商业业态、行为需求等内容进行了详细的调查和分析，并提出了初步的设计定位。学生们的调研工作细致全面，得到了各位教师的肯定，为下一步城市设计奠定了良好的基础，本次开题调研工作取得了圆满成功。

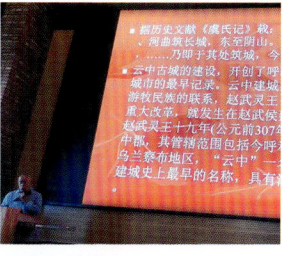

开幕式

调研和辅导

调研汇报

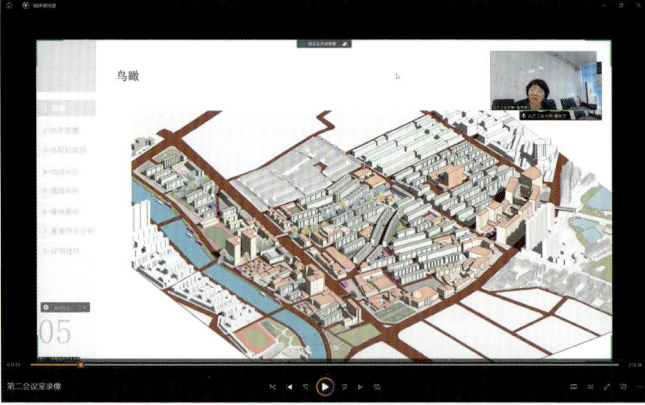

线上中期汇报

1.2 中期汇报

经过一个月的城市设计工作，联合城市设计中期汇报于 2023 年 10 月 10 日上午如期在线上进行。四校共八组同学分别在两个腾讯会议室进行了汇报和答辩，并由各校教师进行点评。

在前期调研成果的基础上，各组同学客观分析了基地的现状问题，明确了设计理念和构思策略，在功能定位、交通系统、空间结构、景观系统、建筑容量与高度控制、保护建筑、建筑要素特征、滨水空间等各个层面，形成了各具特色的初步解决方案。

汇报结束后，大家集中在一起由各校教师进行了总结。中期汇报通过师生深入交流、互相学习，为下一阶段的工作奠定了良好的基础。

1.3 终期汇报

经过两个月的辛苦工作，北方四校联合城市设计终于来到终期汇报的日子。本次终期汇报安排在下一次出题院校——烟台大学举行，便于讨论下一次的选题和提前考察基地。

2023 年 11 月 11 日上午，终期汇报在烟台大学建筑馆一楼会议室举行，四校八个小组的设计成果全面细致，方案设计各有千秋，充分表达出对基地的深刻认识和对城市发展的期待，也体现了两个月来扎实工作的卓越成效。尤其是北方工业大学第二组的学生，通过制定详细合理的工作流程图，协调组员，高效工作，设计成果令人眼前一亮，同时还完成了高质量的动画演示，得到老师们的一致肯定。同时，汇报中各校评委老师给出的精彩点评更是让各校学生受益匪浅。

本次联合城市设计特邀请内蒙古自治区勘察设计协会建筑设计分会与内蒙古工业大学建筑学院联合为优秀作品颁奖，经过所有教师评选，评出一等奖三个、二等奖五个。

终期汇报成功举行，本次北方四校联合城市设计完美收官，期待来年烟台再次相聚！

终期汇报

2

设计任务解读

2.1 项目背景

1. 宽巷子民俗文化片区概况

宽巷子民俗文化片区位于呼和浩特市旧城中心区，南邻传统商业中心区——中山西路，历史上曾居于古"归化城"（称旧城）外，紧邻旧城北门（已拆除），是较早形成的居民聚居区和商业区。片区距南侧的"大召－席力图召"历史文化街区不到1公里，地理位置优越。片区内保留了清真大寺、天主教堂等文物保护单位，以及回族中学、通道街小学、回民区第一幼儿园等文化教育建筑，具有丰富的历史和文化价值。近几年，宽巷子美食街因售卖具有鲜明地方特点的传统食品，成为旅游"打卡"的"网红街"，使街区旅游经济得到极大的发展。

片区南侧的中山西路是呼和浩特市最早的商业区，西南角隔中山西路为最大的城市公园——青城公园，北侧隔新华西街与内蒙古医科大学附属医院相邻，地块位置优越，交通便利。

片区内现有居住建筑主要为建造于20世纪80、90年代的多层砖混住宅，房屋老旧，缺乏风格特点，规划不合理，生活配套设施不够齐备，环境景观简单，停车位不足，交通组织混杂。除宽巷子美食街外，中山西路商业建筑和温州商业步行街等商业业态较为凋敝，未能体现中山西路商业中心区的传统商业优势。

2. 呼和浩特"两城一街"历史城市空间结构

清代末期，呼和浩特的绥远、归化两座城形成了东西相望的城市格局，中间由一条大道将两城市连接，这条大道西起归化城北门，东至绥远城的西门，街道两旁商业发达，人流密集，即为现在的中山路。"两城一街"的格局最终奠定了呼和浩特市近百年来乃至今天城市发展的基础。

保护"两城一街"历史城市空间结构，即是对两座古城及其遗址范围进行整体保护，重点保护两座古城的传统格局和现存传统景观风貌。保护中山路的宽度、走向，对两侧建筑高度、建筑性质应严格控制。严格保护中山路建设控制区内的历史建筑，新建建筑在高度、风貌等方面需与历史建筑相协调。

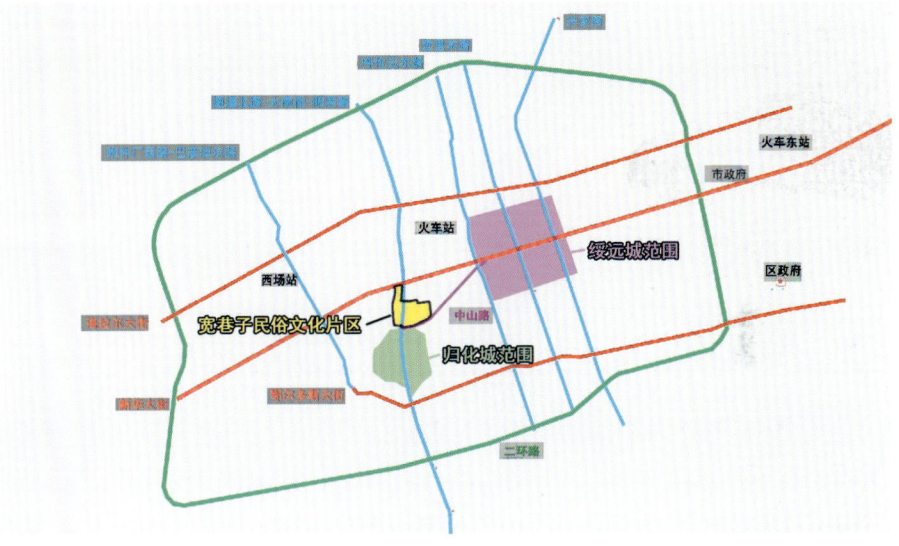

宽巷子民俗文化片区区位

鸟瞰及历史照片

3. 文物保护单位要求

按照呼和浩特市的紫线管理办法要求，在文物保护单位的保护范围内不得新建建筑物。在文物保护单位的建设控制地带内进行建设工程，不得破坏文物保护单位的历史风貌。片区内两处文物保护单位具体情况见下表。

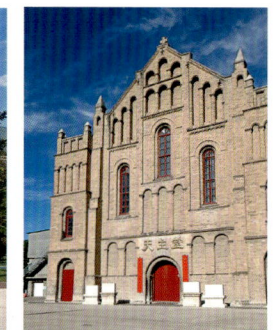

文物保护单位具体情况

类别	保护单位名称	保护级别	地址	建造年代	保护范围	建设控制范围	保存现状
古建筑	清真大寺	自治区级	回民区通道南街	清~民国	现状院落	北至宽巷子，南至中山西路，西至通道南路，东至祥和小区	有保护机构，保存较好
近现代重要建筑	天主教堂	自治区级	回民区通道南街	1922年	现状院落	西至扎达盖河，南至伊利广场，北至回民中学南墙，东至通道南路	有保护机构，保存较好

清真大寺与天主教堂

周边环境

周边环境

2.2 教学目的

1. 教学要求

· 通过城市设计理论学习和现场勘察调研，使学生了解城市设计的基本概念、城市空间要素与设计基本内容，树立全面整体的城市设计观念，提高城市设计理论水平。

· 通过城市设计实践，掌握城市设计基本内容、方法和工作程序，训练城市设计调研分析与设计实践技巧，提高分析解决城市场所问题的能力和城市空间设计能力。

· 通过呼和浩特宽巷子民俗文化片区城市更新设计，探讨当前城市更新背景下，城市中心区传统居住、商业混合街区的保护更新机制、方法和操作路径。

2. 教学过程

要求掌握的内容具体通过理论学习与设计过程指导来完成。

（1）理论授课

在课程开始阶段和过程中进行系统完整的城市设计理论授课，重点讲授城市设计的基本概念、研究基本要素、分析解决实际问题的方法与流程，结合中外城市设计经典案例进行分析，包括城市传统街区保护更新设计的典型案例分析。

（2）设计过程指导

· 使学生掌握科学的城市设计调研分析方法。对项目背景、环境进行全面深入的调查，并作出客观评价。收集现状资料，对调查资料数据进行整理分析归纳总结，发现问题，思考解决问题的途径，形成调研成果。

· 掌握城市设计构思方法。在实地调研基础上，对环境现状问题进行综合分析研究，提出基本设计理念和策略，通过分析图、设计草图与工作模型进行多方案构思与比较。

· 城市空间要素设计。在构思基础上，对设计地块的土地利用、功能定位、交通组织、空间结构、建筑形态、开放空间、城市景观等方面展开各层面设计。

· 着重城市空间设计能力。训练从城市整体视角考虑城市空间形态、建筑群体关系的整合，注重城市开放空间设计，把握好街道与院落空间尺度。

· 理解城市设计中建筑个体、群体与城市环境的整体关系，并基于传统

民俗文化街区的空间肌理发展演化过程特征及历史建成空间风貌特点，对建筑个体和群体做出合理的布局和设计，注重外部空间设计，完善开放空间设计。

· 注重对城市地域特征的分析和提炼，增强对城市文化的认知能力，探讨在城市发展中如何延续传统民俗文化街区的空间肌理和历史风貌，并为其注入新的内涵。

· 掌握城市设计各阶段成果的表达方法，提高综合运用文字、图形、计算机辅助等手段表达设计思想的能力，清晰、全面、熟练、规范地表达设计内容。

3. 设计目的

本次设计地块"宽巷子民俗文化片区"的范围为：北至新华西街－伊嘎拉达巷－文化宫路西巷，西邻扎达盖河，南靠中山西路，东至文化宫路。地块东侧有城市干道——通道南路南北向穿过。片区用地总面积约58公顷。片区内以多层居住建筑为主（包括底商住宅），同时包含多层、高层商业商务建筑，商业步行街及历史文化建筑等多重业态。

为了实现民俗文化片区风貌保护和文化传承，有效改善和提高片区居民的生活居住条件，促进城市高质量发展，通过"留、改、拆"多措并举的方式，实施风貌保护与老旧小区改造提升同步推进，以此促进城市功能完善与人居环境改善。同时，通过城市更新，提升片区商业整体活力，合理区分商业类型和层次，提升服务水平，减少商业旅游对居民生活的干扰，做到和谐共生。

4. 基本要求

（1）"宽巷子民俗文化片区"设计应在尊重街区原有功能特色的基础上，营造富有地域特色的居住、商业、餐饮、办公、文创产业等功能场所，激发街区新活力。

（2）尊重原有街巷格局和传统风貌，保护与更新相结合，应加强对历史沿革、地方特色和历史文化价值的梳理和研究，注重风貌保护和文化传承，进一步明确发展定位和功能业态。合理控制建筑容量与高度，把握街巷尺度，塑造特色街区空间，建筑形式与色彩体现传统风格且富现代特色。确定重要风貌展示轴线、节点和界面，并提出规划控制建议。

（3）对于其他区域的现状建筑，应结合现状评估，提出"留、改、拆"处置建议，明确新建建筑高度、风貌、色彩和空间形态的控制要求。

（4）结合周边区域道路交通规划，在维持现有街巷格局的基础上，合理优化路网，对片区内部交通组织和市政基础设施配套提出建议；参照现行《城市居住区规划设计标准》GB 50180 中对"生活圈"的要求，完善相关生活服务设施。

（5）设计指标要求。地块内拆除建筑面积不应大于现状总建筑面积的20%，地块容积率≤ 2，建筑高度≤ 80 米。其他相关技术指标，如建筑间距、日照标准、建筑退线、建筑高度、停车位等技术指标，参照《呼和浩特市城市规划管理技术规定（试行）》。对用地内部文物的保护及利用须满足文物保护要求。

2.3 工作任务

1. 任务要求

通过对"宽巷子民俗文化片区"的更新设计研究，借以探讨如何在城市存量空间更新发展的新形势背景下，延续民俗文化片区传统空间肌理，为其自我更新注入新的活力。除考虑城市更新中有关保护与更新的内容以外，设计还着重训练"地块内外双向互动"的城市整体空间视角，综合考虑城市空间形态、建筑群体关系的整合及功能定位，以及土地利用、人车交通、城市景观、建筑形态等多方面要求，实现对复杂城市中心历史风貌地块空间设计处理能力的锻炼。

2. 调研工作内容

· "宽巷子民俗文化片区"发展的历史沿革；

· 绘制现状空间结构简图；

· 片区内建筑质量与历史风貌评价；

· 片区空间特征与建筑形态元素的提炼；

· 对片区发展有影响的周边要素分析；

· 对现状存在问题的梳理、分析；

· 对国内外相关案例资料的收集；

· 提出初步的设计目标和构思意象。

3. 设计工作内容

对于设计研究地块，分析其区位、街区现状与周围环境，明确保护与更新设计思路，考虑片区整体功能定位、人口构成与行为规律、街区空间结

基地总平面图

构、重要节点与公共空间设置、道路系统、景观系统、建筑容量及高度控制、历史建筑保护利用等，进行相关的城市要素研究与设计。

各设计小组在完成整体片区调研基础上，可选择整体边界内 20~25 公顷的地块进行详细设计，应注意与周边城市建成空间及道路环境的相互影响。此外，在上位设计研究的基础上，深入分析该地段在街区中的定位、具体功能需求、建筑体量、空间形态，确定该地块规划指标，进行地块总体设计，包括总平面布局、建筑群体组合、街道与院落空间、沿街立面、场地设计等，建议合理利用地下空间。

4. 成果要求

（1）现状调研阶段

调研汇报演示文件，内容包括对历史沿革、区位、交通与停车、景观、现状建筑质量评价、业态、行为需求、案例分析、设计定位等问题的梳理。

（2）中期汇报成果

·设计研究范围：分析图，包括区位、现状、功能定位、交通系统、空间结构、景观系统、建筑容量与高度控制、保护建筑等。

·详细设计地块：总平面图、手工模型、电子模型。

·成果形式为演示文件 + 模型。

（3）终期汇报成果

·设计研究范围：分析图，包括区位、现状、功能定位、交通系统、空间结构、景观系统、建筑容量与高度控制、保护建筑等，手工模型。

·详细设计地块：彩色总平面图、鸟瞰图、设计分析图、典型街区及重要节点放大设计、沿城市道路立面图、典型街道平面图、院落空间剖面图、局部空间透视图、其他阐释方案设计思想的分析图等。

·设计说明：文字包括历史沿革、区位条件、现状概况、问题梳理、可行性研究、设计构思、设计手法、主要空间布局、交通组织、绿化组织、景观节点、建筑形式与色彩意向、局部与细部设计等。

·经济技术指标：包括总用地面积、停车位、平均层数、各类建筑总面积、容积率、建筑密度、绿地率等。

·成果形式：演示文件 +A1 彩图（不少于 6 张）+ 成果模型。

5. 日程安排

周次	日期	主要工作内容	成果内容形式	备注
	9月4日之前	安排任务解读，线上资料收集等		
1	9月5日~9月6日	实地调研，思考并提取核心设计问题进行交流、答疑，完成调研分析报告；在基地内思考选择详细设计的地段	文字数据、图片资料、笔记、分析草图等	四校线下集中（呼和浩特）
	9月7日	调研分析成果集中汇报（同时进行线上直播）	调研报告演示文稿	
2	9月11日~9月15日	深入分析研究课题，提出基本设计理念和总体构思策略；确定详细设计地段范围与设计目标，通过草图进行多方案构思比较	构思草图	
3	9月18日~9月22日	设计研究地块城市要素各层面设计，绘制总体及各系统分析图、设计草图；详细设计地块的初步方案，提出总平面设计和体块草图、工作模型	设计草图、分析图、总平面图、工作模型	
4~5（含国庆假期）	9月25日~10月6日	完善设计研究地块各层面设计，形成较成熟的整体设计思路，确定详细设计地块的总体框架，形成较明确的空间形体、体块模型	较明确的构思设计图、分析图、总平面图、体块模型	完成中期成果
6	10月10日	城市设计中期成果集中汇报	调研报告演示文稿	线上集中汇报
	10月11日~10月13日	典型案例分析、整体方案调整与深化，着重城市空间设计	分析图、总平面图、模型	
7	10月16日~10月20日	深化城市空间要素各层面设计，着重建筑群体整合与形体设计；贯彻整体设计思路，控制主要技术指标	分析图、CAD总平面图、模型	
8	10月23日~10月27日	街区重点地段深入设计，街道院落空间深入推敲，塑造特色空间	CAD总平面图、模型、重点地段深化图、街道沿街立面图、城市空间剖面图	
9	10月30日~11月3日	深化城市空间设计、建筑形体与场地设计、城市景观与环境设施设计	CAD总平面图、模型、重点地段建筑立面图、街道院落剖面图	
10	11月6日~11月10日	深化设计表达，完成全部设计图纸、说明及成果模型	说明、分析图、透视图、总平面图、成果模型	11月10日前完成最终成果
	11月11日	城市设计最终成果集中评审	演示文件+A1图纸+模型	四校线下集中（烟台）

3

设计成果

内蒙古·呼和浩特

呼和浩特宽巷子民俗文化片区城市更新设计

织补青城

北方工业大学一组

范阿诺　黄秋怡　周子淇　韩昀洁　刘卓凯

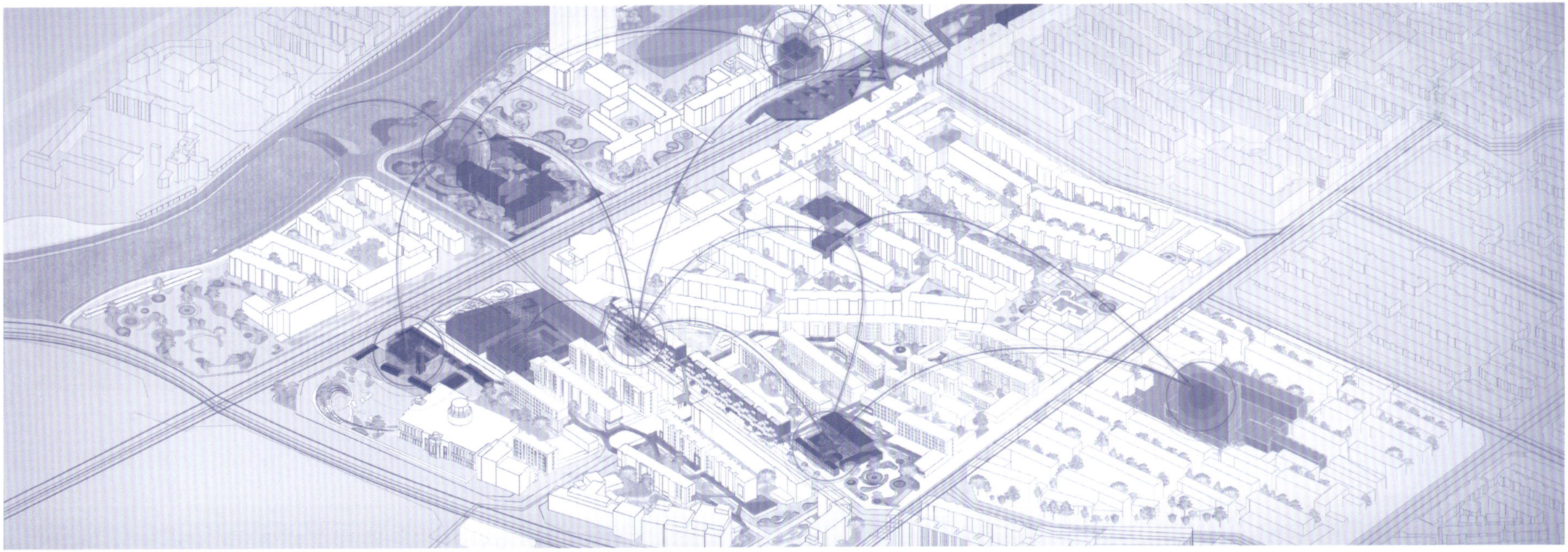

织补青城 1

设计说明

该地块位于呼和浩特市回民区，占地约 58 公顷，现规划建成集居住、休闲、旅游为一体的文旅生活圈。

在城市结构设计中，我们将公园溶解进城市肌理中，将其作为“缝合剂”进行城市空间的织补，并且综合呼和浩特当地的建筑文化、居民生活习惯等。由于地块内有多个历史文化遗迹，所以我们引入了“城市织补”的理念，采取街区肌理织补、公共空间织补、建筑风貌织补、历史文脉织补等设计策略，对宽巷子民俗文化片区进行改造和更新，以实现对历史街区的保护，促进活力再生。

经济技术指标

总用地面积：580000m^2
总建筑面积：1256361m^2
容积率：2.16
绿地率：39.7%

区位分析

NORTH
WEST
SITE
EAST
SOUTH

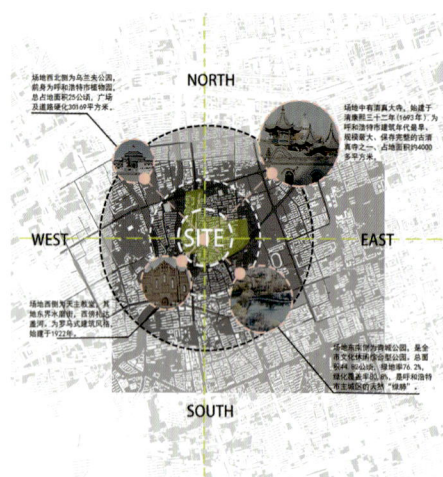

交通节点与可达性

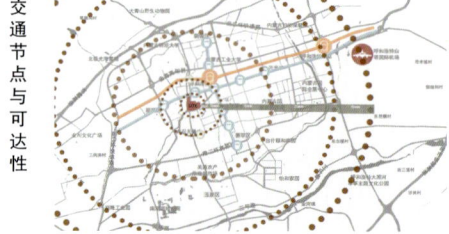

总平面图

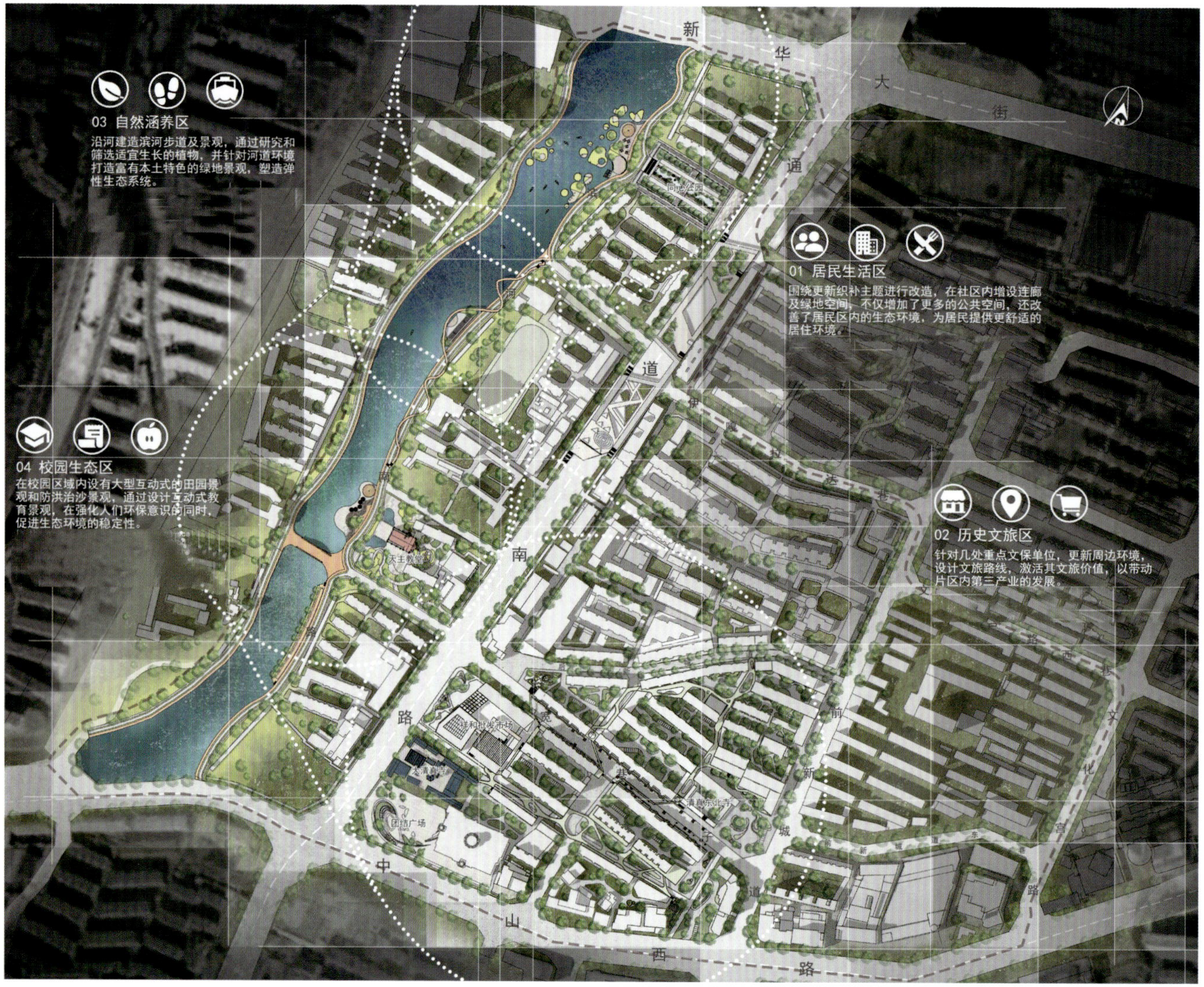

03 自然涵养区
沿河建造滨河步道及景观，通过研究和筛选适宜生长的植物，并针对河道环境打造富有本土特色的绿地景观，塑造弹性生态系统。
01 居民生活区
围绕更新织补主题进行改造，在社区内增设连廊及绿地空间，不仅增加了更多的公共空间，还改善了居民区内的生态环境，为居民提供更舒适的居住环境。
04 校园生态区
在校园区域内设有大型互动式的田园景观和防洪治沙景观，通过设计互动式教育景观，在强化人们环保意识的同时，促进生态环境的稳定性。
02 历史文旅区
针对几处重点文保单位，更新周边环境，设计文旅路线，激活其文旅价值，以带动片区内第三产业的发展。
新华大街
通道南路
中山西路

设计思路

发现问题
核心矛盾
概念提出
核心内容
设计策略
最终目标

场地热力图

8:00
11:00
14:00
17:00
20:00
23:00

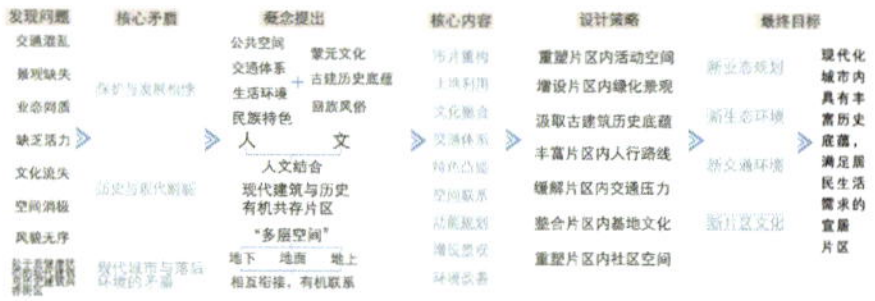

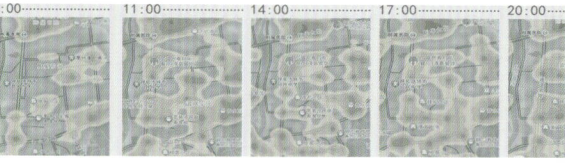

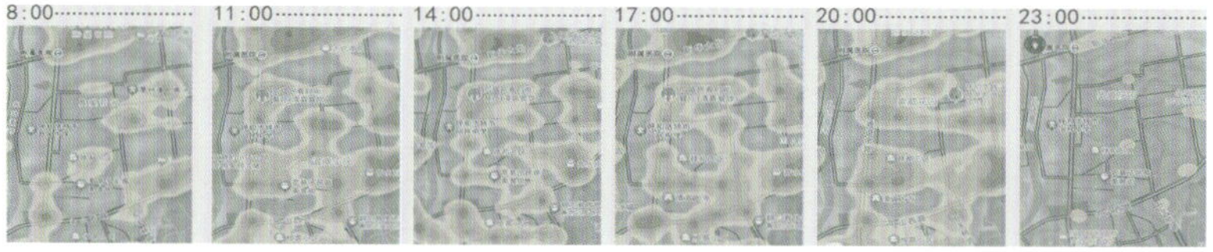

织补青城 2

历史沿革

建于清乾隆年间的绥远城，居民多为满八旗驻防军及随军家属，多数来自于京城以及承德等地。

几乎与绥远城同时期，来自于晋陕冀以及新疆等地的回民陆续开始在归化城以北聚居，这才形成了后来的回民区。

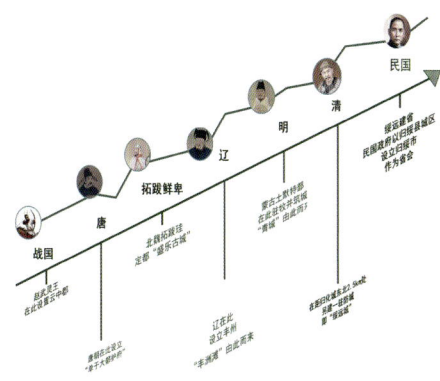

清朝末年新旧两城合并称"归绥"

记忆节点

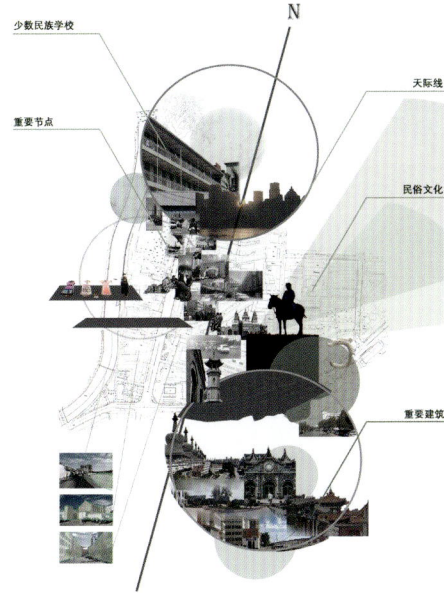

少数民族学校

重要节点

天际线

民俗文化

重要建筑

N

S

场地现状节点

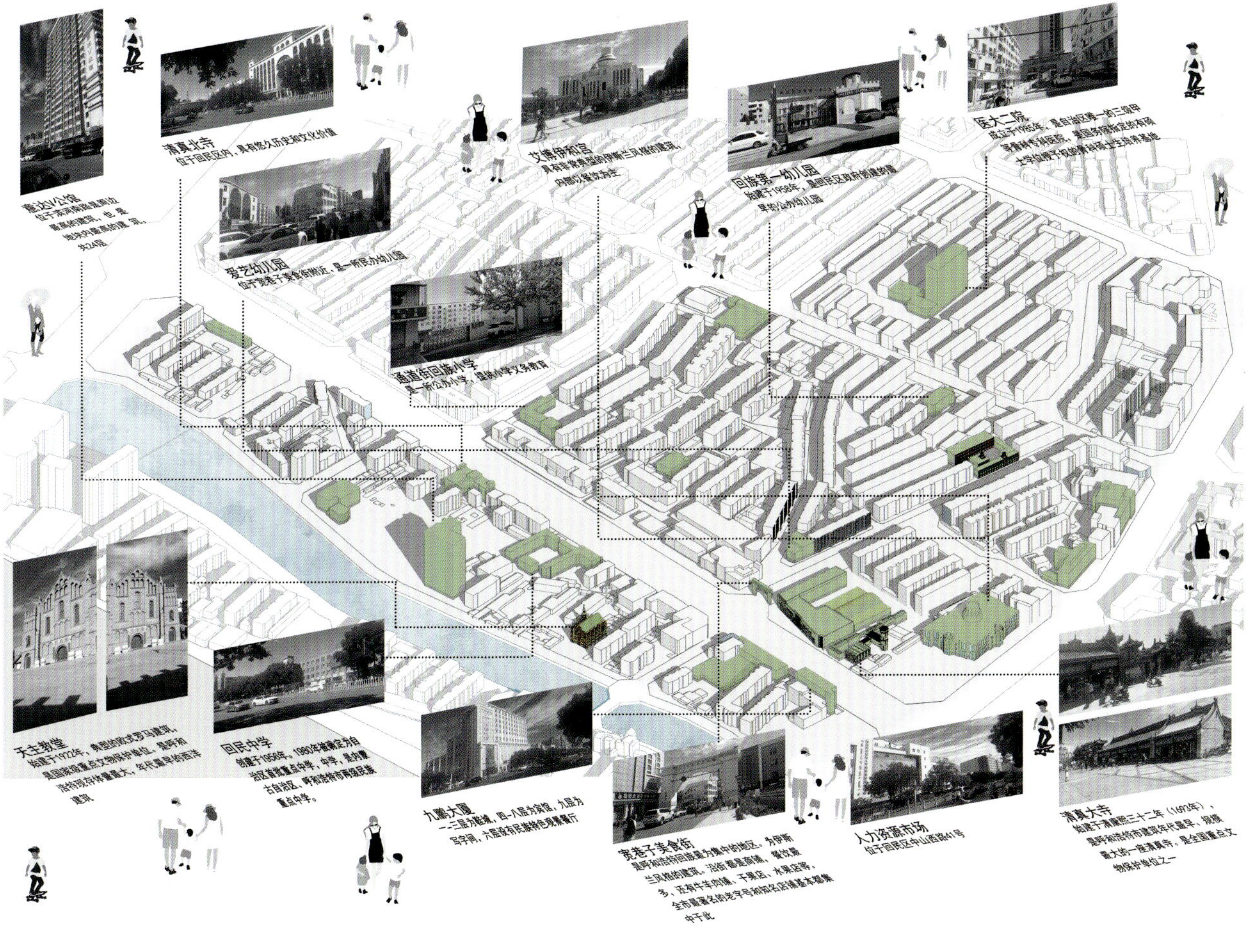

场地周边绿化节点

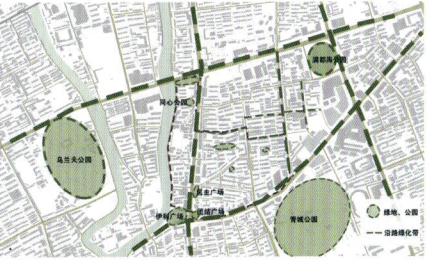

建筑质量

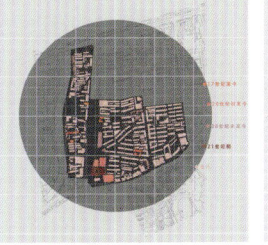
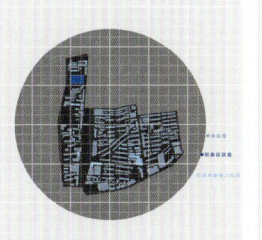
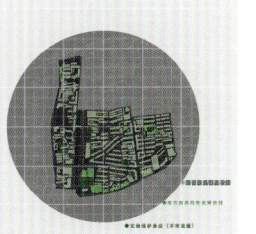

织补青城 3

场地策略

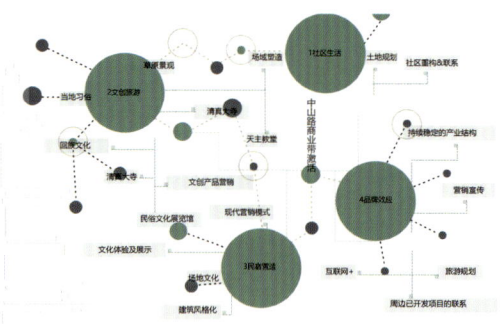

分地块经济指标一览表

地块编号（单位）	E-01	E-02	E-03	E-04	E-05	E-06	E-07	E-08	E-09	E-10
用地性质	R2	R2+A3	A7+B1	R2+B1	A7	R2+B1	R2+B1	R2	A5+B1	B1
用地面积（m²）	51088	59040	16676	24809	30835	7964	13302	5286	12606	15328
容积率	1.2	1.38	1.01	1.88	0.648	2.23	1.14	1.96	1.52	1.77
建筑高度（m）	44	80	24	24	16	24	24	24	24	20
建筑密度（%）	22.9	21.3	22.7	38.3	29.8	40.7	26.1	32.6	40.6	49
绿地率（%）	38.8	34.1	50.5	20	39.5	26.5	53	60.5	14.6	15
住宅面积（m²）	58229	56301	5250	39884		13200	15260	8640	5160	5652
商业面积（m²）	2956	3237	11022	6684	18025	4585	1940	1728	9880	21735
医疗面积（m²）									4096	
教育面积（m²）		21974								
停车（辆）	100	80	40	100	40	40	60	50	30	40

地块位置

人群策略

文化复兴　保护延续

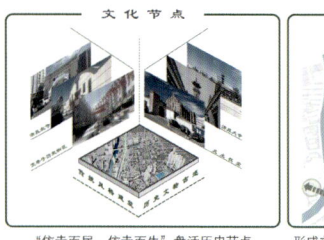
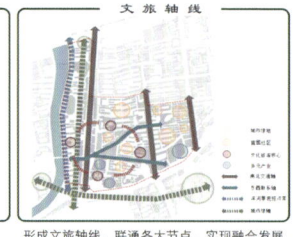

"依寺而居，依寺而生"盘活历史节点

形成文旅轴线，联通各大节点，实现融合发展

用地整合　业态激活

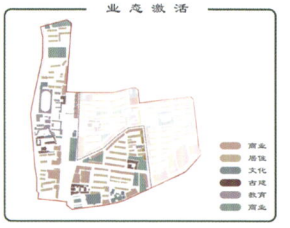

提高交通可达性，增加区块内外流线连通，构建方便居民、游客出行和游览的城市交通体系

整合功能业态，规整功能分区，激活第三产业，完善生活圈，实现产业融合发展

旧城新风　生态宜居

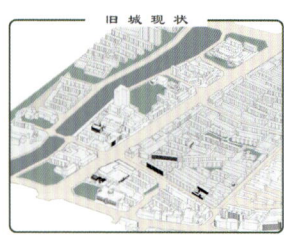

提取旧城现有建筑类型几何构成，综合考虑当地建筑特色和城市建设现状进行改造

将公园作为连接日常生活与多元城市的纽带，利用公园模糊功能区界限，实现街区解放和功能融合

城市轴线　绿廊溶解

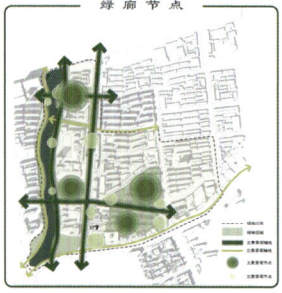

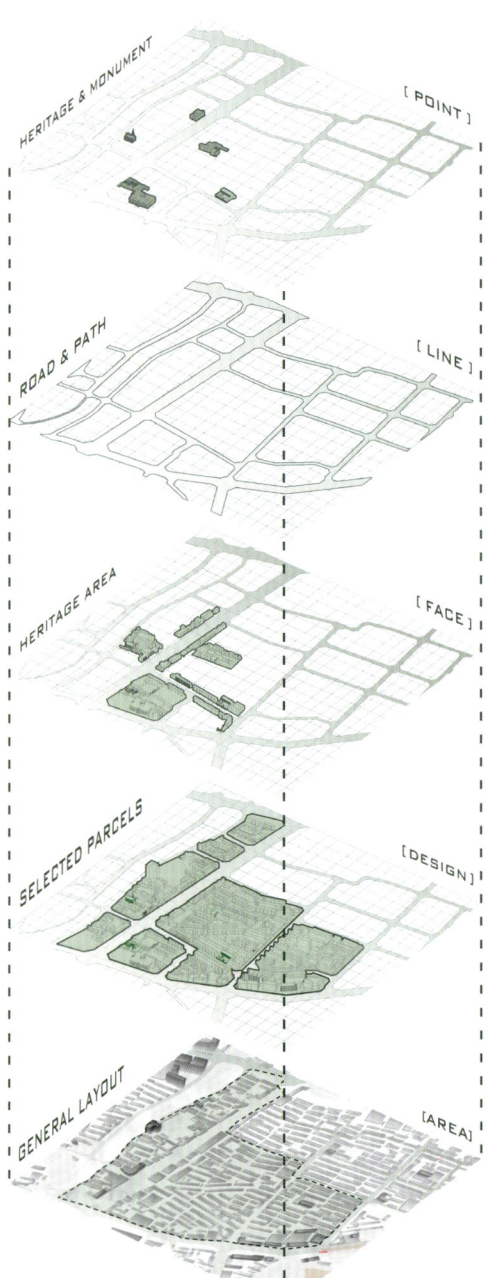

织补青城 4

大青山前坡生态带

东河

扎达盖河

乌里沙河

内大科创聚集区

区域科技创新核心区

会展功能区

区域金融商务核心区

东部新中心

中山路商业圈

金海老工业基地改造

华北新能源创新中心

内大科创聚集区

自治区综合功能平台

历史文化核心区

金川片区

大黑河郊野生态带

金山片区

伊利健康谷

玉泉片区综合服务中心

地铁小镇门户区

呼南中心

军事主题公园

乳都公园

裕隆科创区

科技创新和休闲文化中心

制造产业园

金川南园区

蒙古风情园

昭君小镇

能源科技创新区

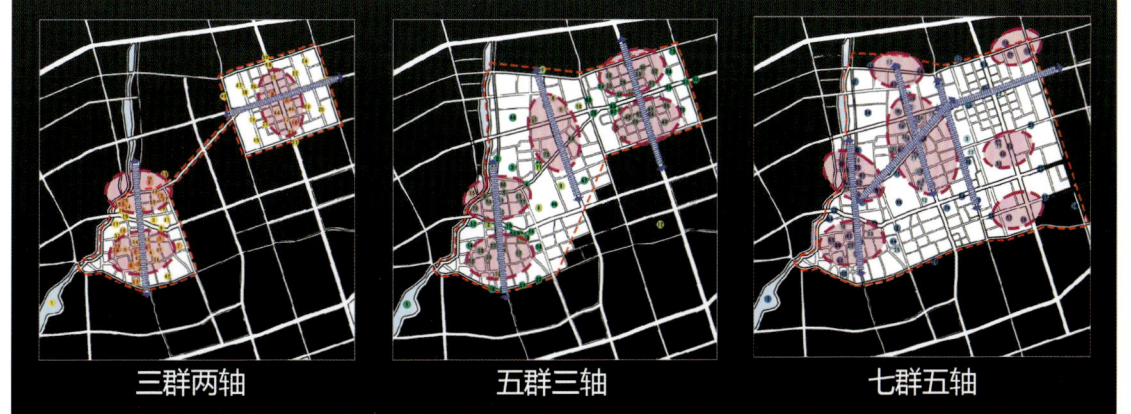

三群两轴　　　　五群三轴　　　　七群五轴

回民现代居住片区

回民现代居住片区

市级商业

清真大寺重点保护片区

传统风貌居住片区

青

023

北方工业大学一组

织补青城 5

现状空间结构

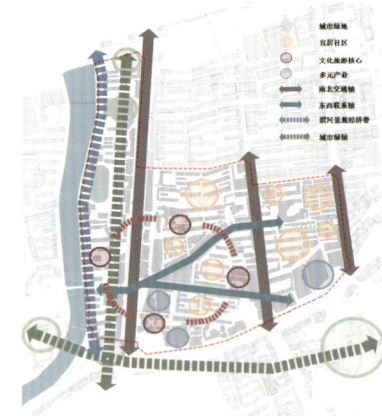

现状交通分析

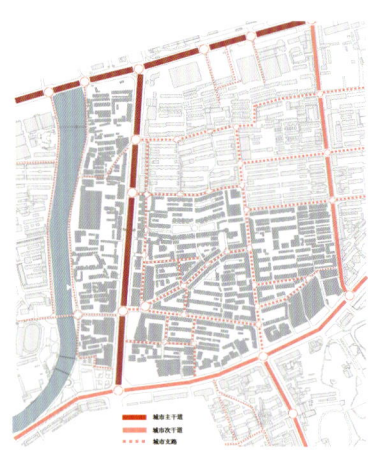

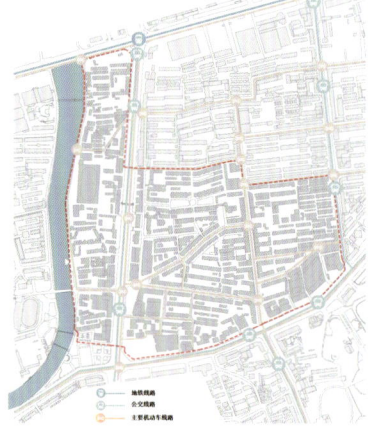

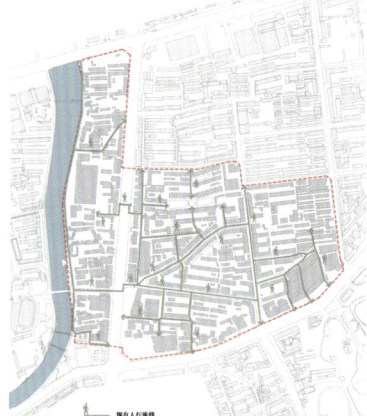

现状道路立面

a.宽巷子美食街北侧

b.宽巷子美食街南侧

c.通道南路东侧

d.通道南路西侧

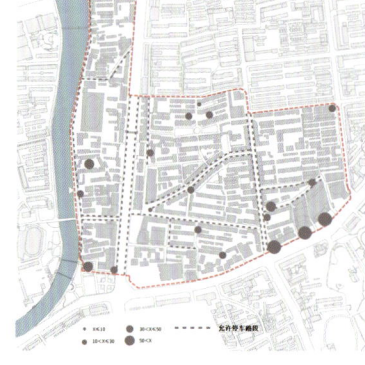

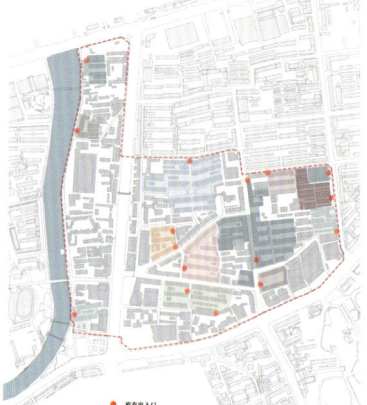

e.滨河南路东侧

f.滨河南路南侧

织补青城 6

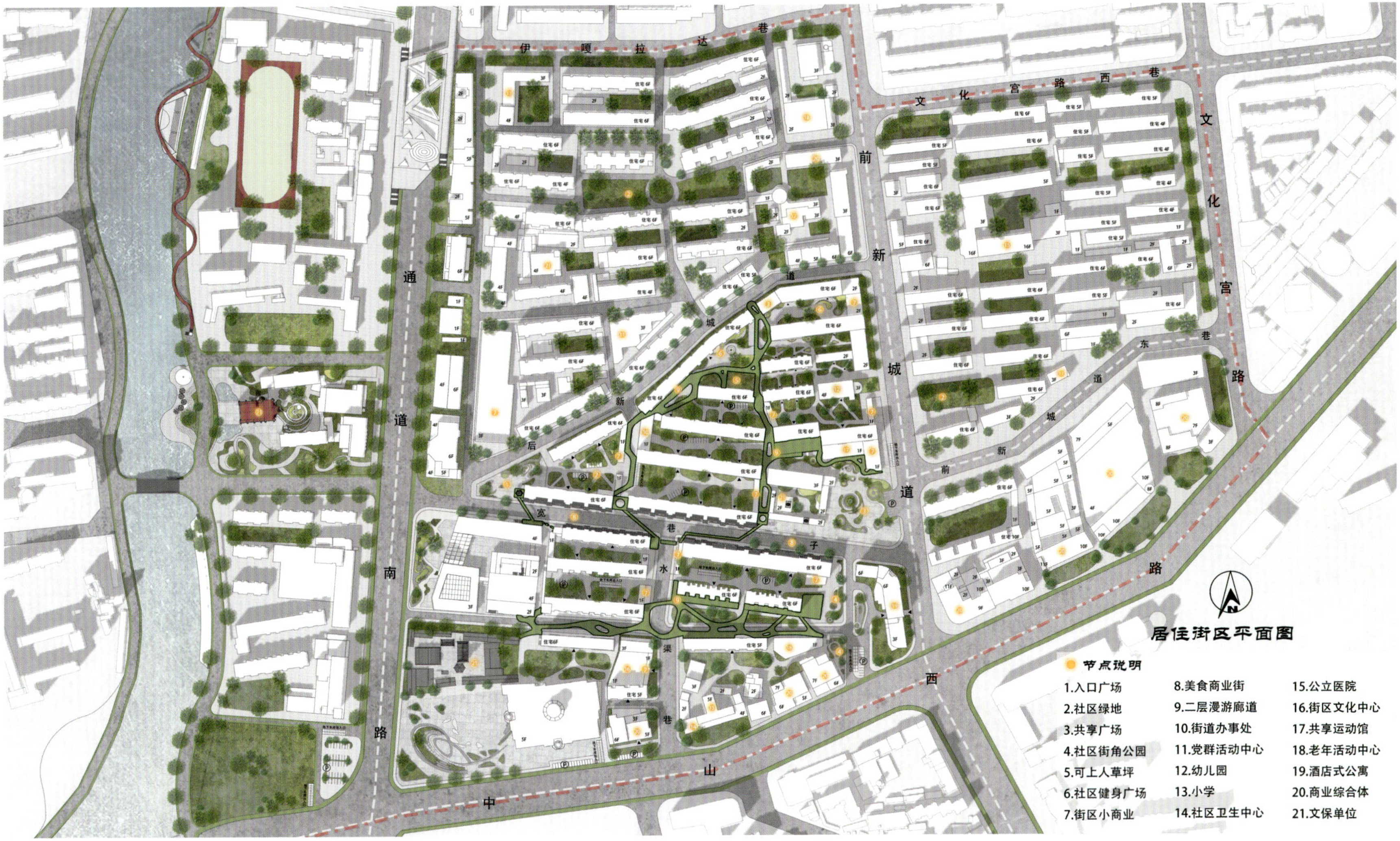

居住街区平面图
节点说明
1.入口广场
2.社区绿地
3.共享广场
4.社区街角公园
5.可上人草坪
6.社区健身广场
7.街区小商业
8.美食商业街
9.二层漫游廊道
10.街道办事处
11.党群活动中心
12.幼儿园
13.小学
14.社区卫生中心
15.公立医院
16.街区文化中心
17.共享运动馆
18.老年活动中心
19.酒店式公寓
20.商业综合体
21.文保单位

社区更新立面效果图

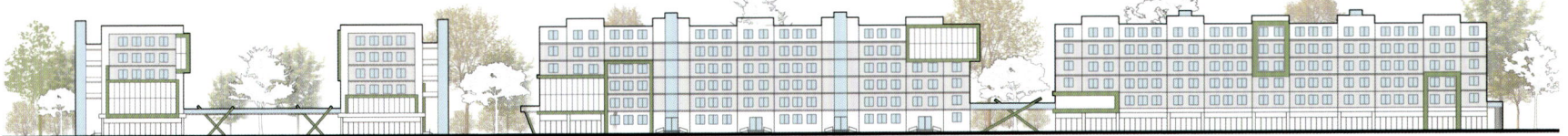

织补青城 7

设计说明

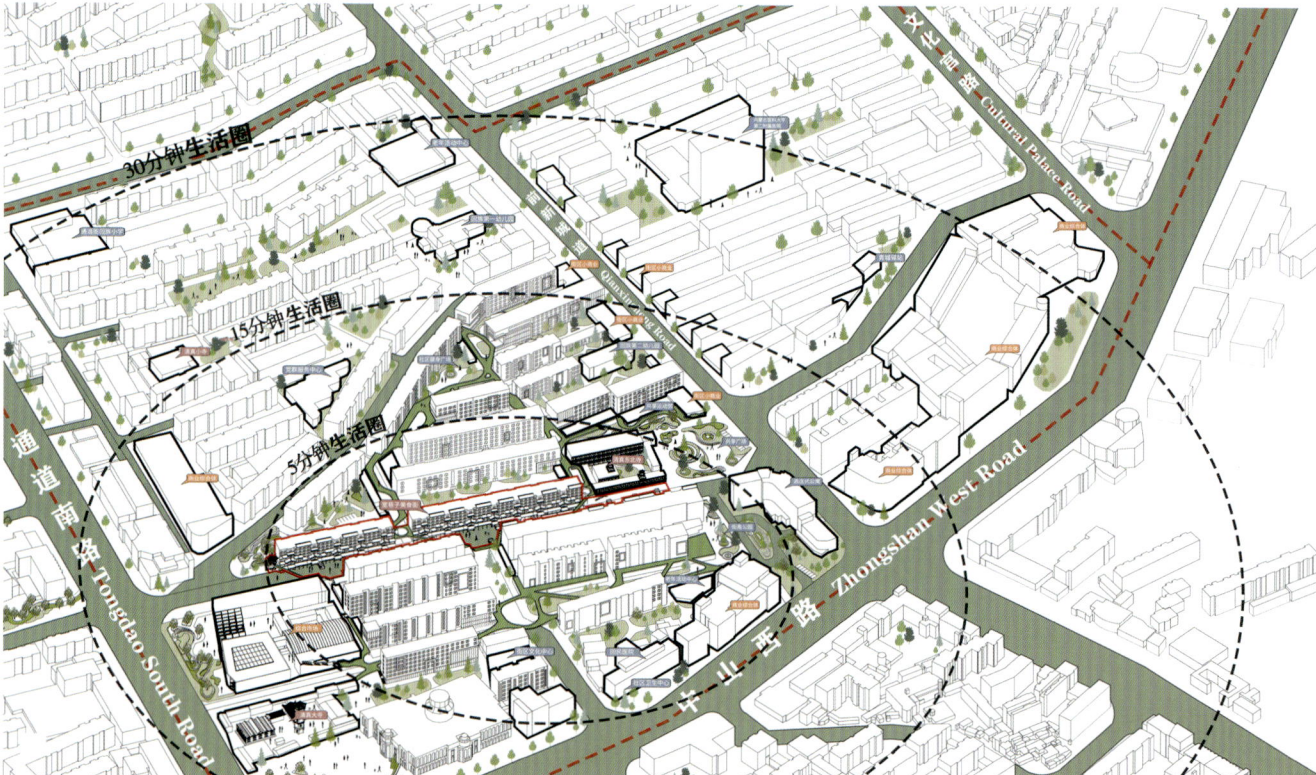

社区更新策略

  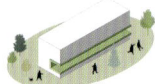

a. 原始形态，房屋老旧，立面形式相同，风格单一，缺乏特点。

b. 首层退进，形成开放空间，将土地还给城市，满足商业及其他公共空间功能

c. 二层退进，将公共开放功能垂直延伸。同时与二层漫游廊道结合，增加区域连续性

e. 逐层叠落式退进，形成垂直景观露台。增加街区绿化率

f. 立面形式配合街区风格进行更新，与街区主题进行呼应

g. 老旧居民楼改造，增加无障碍坡道及外挂电梯

开放共享社区模式

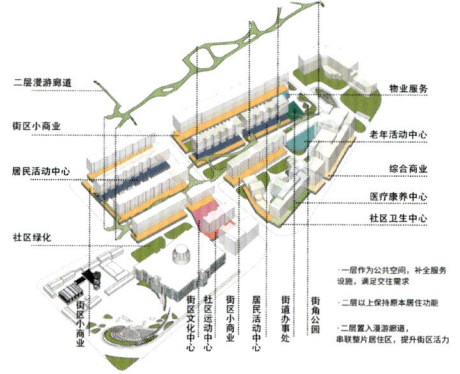

社区更新效果图

图 1　拆除原有低质量建筑，利用空地设置街角口袋公园，有效织补拓展城市绿色公共空间，提升城市品质

图 2　社区内设置共享广场，满足居民休闲游憩需求，构建社区居民交流平台，促进社区凝聚力

图 3　设置全民健身广场，解决目前健身训练场所缺乏、器材短缺的问题。呼应发展策略，鼓励全民健身，提升市民生活品质

植物配置分析

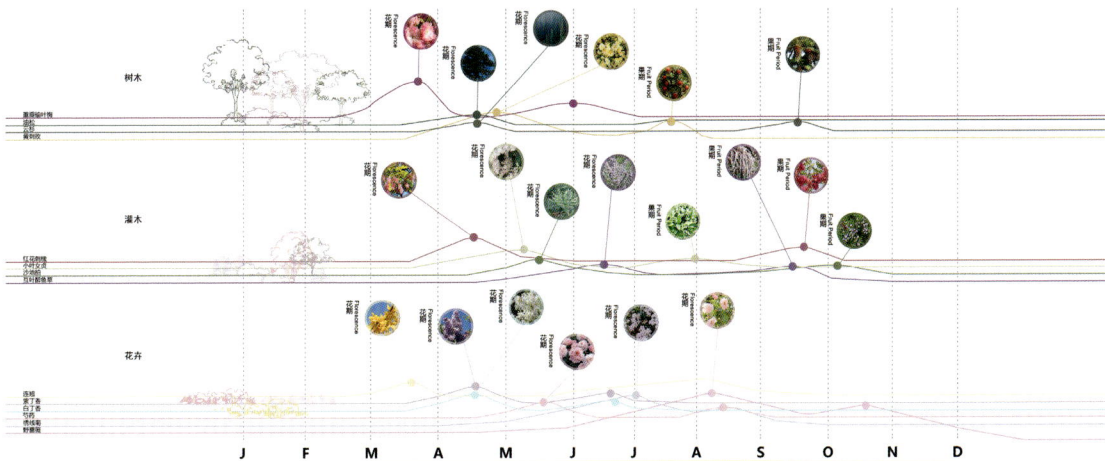

立面图

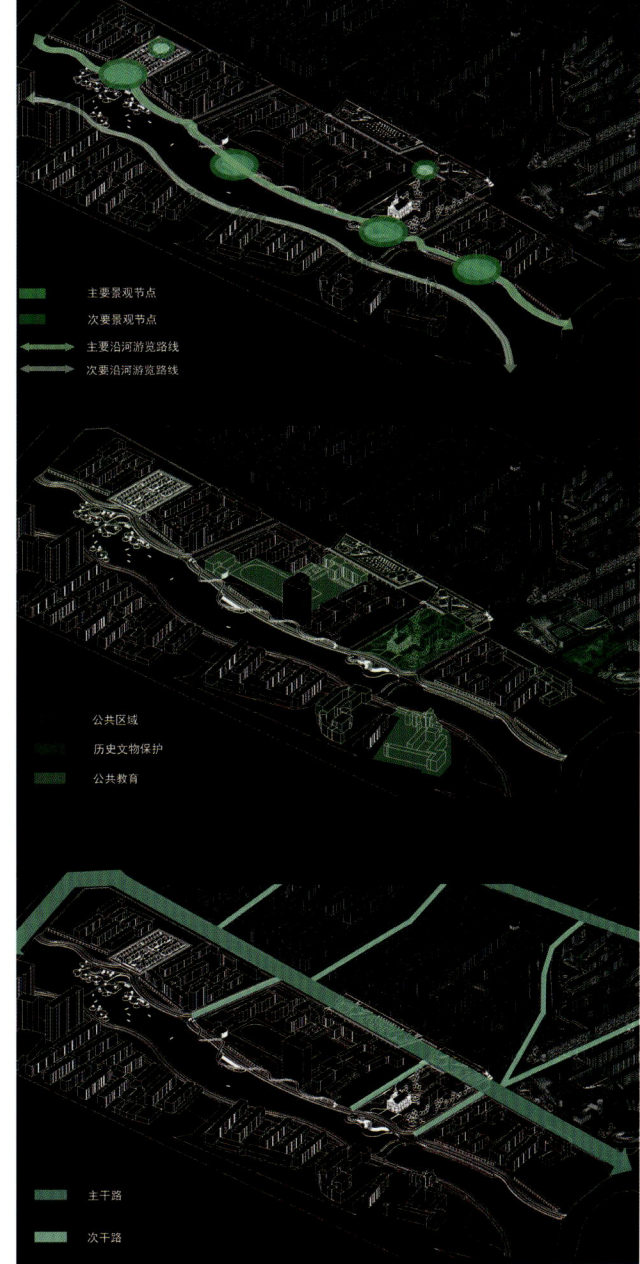

主要景观节点
次要景观节点
主要沿河游览路线
次要沿河游览路线

公共区域
历史文物保护
公共教育

主干路
次干路

织补青城 9

◄宽巷子总平面图

在宽巷子，通过重构空间秩序、完善步行系统、增加兴趣节点、增加留人空间等措施完成街巷空间更新。通过提取场地建筑元素、形态演变等方式，完成宽巷子建筑立面更新。

宽巷子街道剖面图

通道南路街道剖面

建筑形态提取

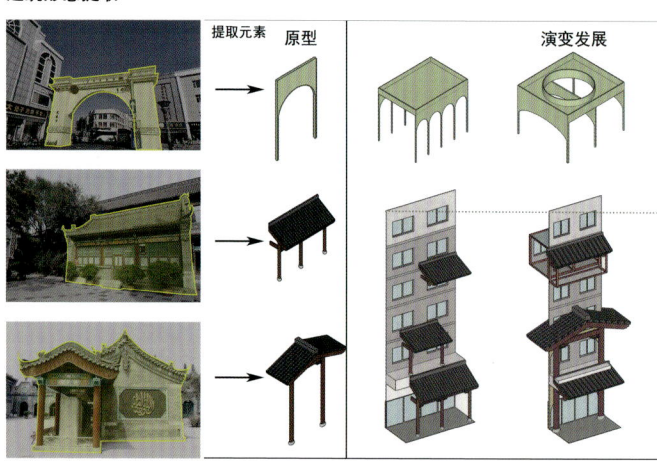

滨河南路立面图

新祥和批发市场总平面图

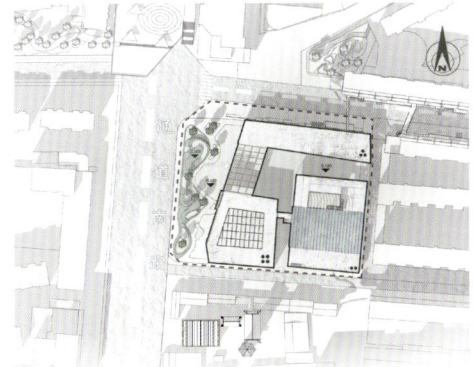

形体生成策略

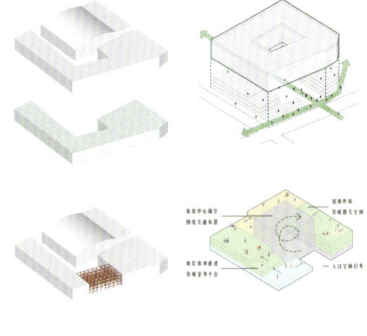

人群行为分析

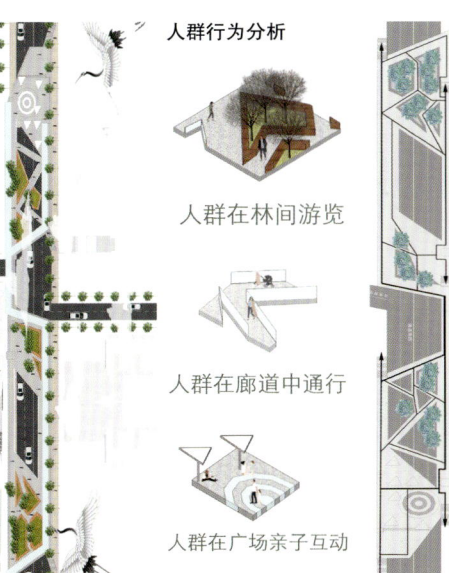

人群在林间游览

人群在廊道中通行

人群在广场亲子互动

新祥和批发市场立面图

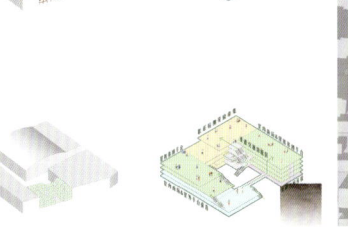

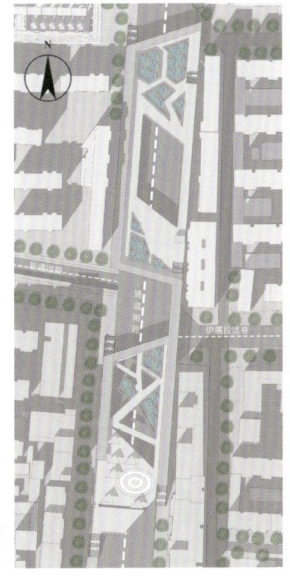

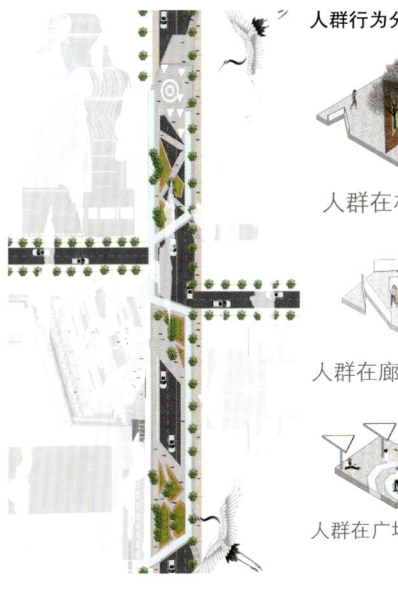

新同心公园总平面图

植物组合分析

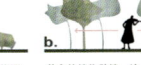

a. 地被、草本植物，营造开阔视野

b. 整齐的植物种植，给人庄严的感觉

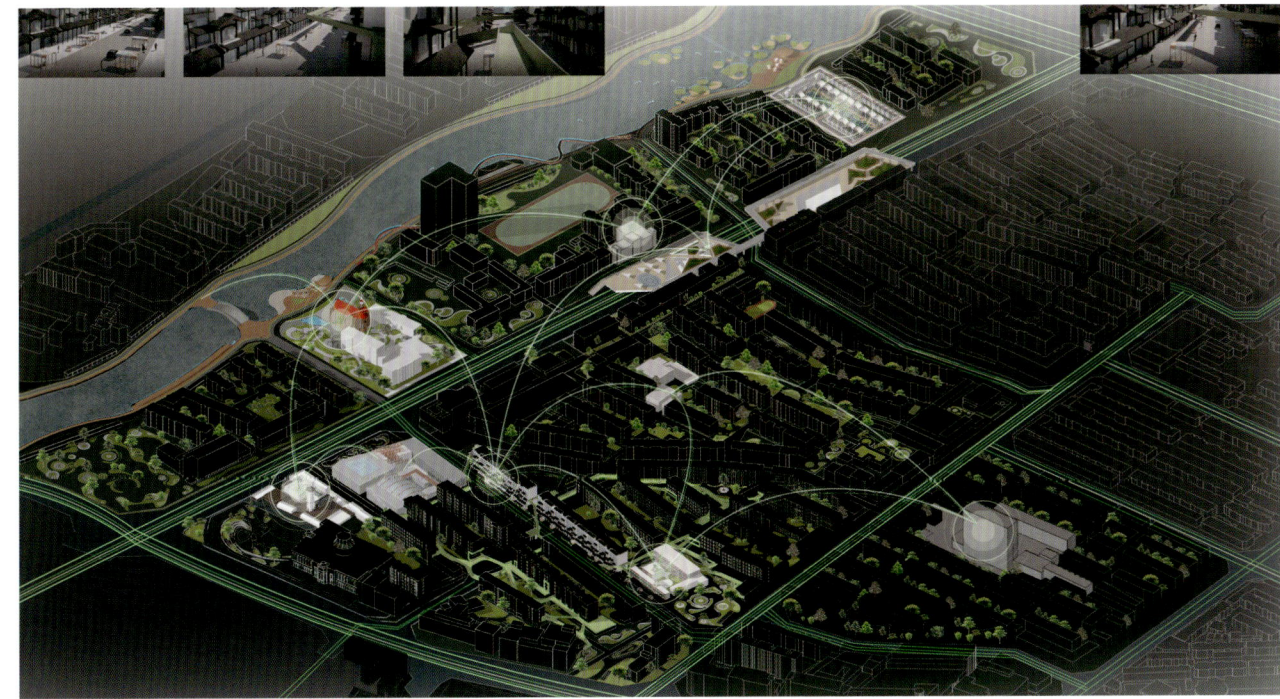

织补青城 11

总结与感悟

从左到右：黄秋怡、韩昀洁、周子淇、范阿诺、刘卓凯

设计总结

宽巷子民俗文化片区位于呼和浩特市回民区，是传统的旧城中心区，占地约 58hm²，是较早形成的居民聚居区和商业区。近几年由于其鲜明的地域特色成为旅游"打卡"的"网红街"，极大地带动了街区经济发展。因此，考虑其文化底蕴及老城风貌，小组重新整合街区内建筑风貌、交通规划、景观环境等方面，提出规划建设集居住、休闲、旅游为一体的文旅生活圈。

在城市结构设计中，我们将公园溶解进城市肌理中，将其作为"缝合剂"进行城市空间的织补，整合呼和浩特当地的建筑文化、居民生活习惯等。由于地块内有多个历史文化遗迹，所以我们引入了"城市织补"的理念，采取街区肌理织补、公共空间织补、建筑风貌织补、历史文脉织补等设计策略对宽巷子民俗文化片区进行改造和更新，以实现对历史街区保护与活力再生的探索。

感想收获

很高兴能够参与本学期的北方四校联合城市设计，这是我们第一次打破校与校的边界，去和其他三个优秀院校的同学老师进行交流。从初期形式新颖的混编组实地调研中，我们与兄弟院校的同学有了深度交流合作的机会，大家在配合中快速熟悉彼此，建立了真挚的友谊。

过程中的三次汇报答辩，各校老师都给予我们组专业精准的点评，及时地指出了我们小组存在的问题和提升的方向，同时也鼓励我们大胆地去尝试和创新。各位老师的悉心指导使我们找准了设计方向，也开拓了我们的设计思路，使我们受益匪浅。

本次的城市设计也是我们第一次跳出舒适圈，用和以前完全不同的视角去思考城市层面的问题。虽然第一次接触真正的城市设计，工作难度和工作量都增加了许多，但通过小组成员的默契配合、合理分工，以及王小斌、李海英两位老师认真负责的指导，我们终于克服了种种困难，圆满完成了本次设计。通过这次设计，我们对城市设计有了更合理、更全面的认识，在掌握城市设计方法的同时，也实现了自身能力的提升。

最后，感谢各位老师的辛勤付出，也感谢学校给我们提供了学习交流的平台。有幸参与，感恩遇见，本次经历我们毕生难忘！

内蒙古·呼和浩特

呼和浩特宽巷子民俗文化片区城市更新设计

ECO & MULTI 库伦模式·生态设计

北方工业大学二组

高世杰　李　硕　李心怡　吴邦伟

整体构思框架

信息来源

数据资料

历史数据
MAP WORLD天地图	·········· 呼和浩特历史地图信息
Google Earth	·········· 历史肌理
CNKI中国学术期刊（网络版）	·········· 蒙元传统历史文化

空间数据
校方数据	·········· sketch up现状模型/CAD数据
百度地图	·········· 百度街区热力图
Open Street Map	·········· Public GPS Traces
Google Earth	·········· 区域底图
ArcMap	·········· 场地基础数据（街区面积、建筑面积、容积率等）
ArcScene	·········· 三维数据模型

调研数据
实地记录	·········· 场地现状实拍照片与视频
实地街访	·········· 市民生活行为需求、满意度评价
实地测量	·········· 建筑、道路、街巷空间尺度
定点分时段观察	·········· 行为变化与流量变化

上位规划
内蒙古呼和浩特市国土空间 总体规划（2021-2035）	·········· 系统治理流域水环境 都市现代农业环
内蒙古呼和浩特市回民区国土空间 总体规划（2021-2035）	·········· 便捷生活圈 精细化的环境品质
党的二十大报告	·········· 全面提升中心城区绿色系统
呼和浩特"十四五"规划	·········· 生态优先、绿色发展

理论基础
努力建设人与自然和谐共生的现代化 增强城市各个系统自身及相互关系的弹性 "城市功用的多样性" "多样性"与"基本功用的混合"	生态文明思想 "健康城市"理论 简·雅各布斯(Jane Jacobs) 《美国大城市的生与死》

评价方法

可视分析
GeoHey	业态等兴趣点分布
观城CityViewer	···· 行为活力量化分析
录城Pinsurvey	···· 功能识别、绿视率分析
数位观察	客群画像分析
	行业分析、城市综合报告

时空分析

AHP层级分析法

分析近二十年来建成区域的变迁、产业变化、人口流动等因素对城市空间和肌理的影响，追溯城市发展的历史轨迹；通过对前期收集的功能、交通、景观、活动等数据和满意度结果进行矩阵权衡分析，预测城市未来发展趋势，为新中心建设提供可行的数据支撑。

单项分析
用地功能	道路交通
景观节点	建筑风貌
人群行为	形象活力

动态分析

机动车与行人的流动路径模拟计算与图像化分析；重要交通接驳点行人流量分析；片区昼夜车辆流入流出对比。

区域分析

宽巷子民俗美食街及周边街铺商铺业态大数据分布与消费者客群分布；东南部商业区受客群体喜好与特征分析；美食街行为活力与公共空间品质评价。

分析建模

城市空间

从六大维度侧重分析：
Imageability 意向性
Enclosure 围合感
Connectivity 连通性
Continuity 连续感
Focused 聚焦性
Identifiability 可识别性

> 城市空间三维数字化模型

生态脉络

从六大维度侧重分析：
layering 层次感
Sustainability 可持续性
Interactive 互动性
cultural 文化感
verticality 垂直性
Identifiability 可识别性

> 生态渗透脉络三维模型

交通组织

车行快速交通高效便捷可达性分析
人行骑行慢行交通舒适连续性分析
道路节点交织混行权结构分析
公共交通节点集散引流分析

> 立体交通路网三维模型

业态活力

宽巷子美食街业态盘活与客群分析
东南商业区沿街活力分析与客群分析

> 美食商业街巷空间模型

问题梳理

生态韧性问题

1.河道景观未充分利用；
2.片区公共绿地匮乏，硬化铺地集中韧性差；
3.城市居民区与河道生态重重阻隔，无法实现城市水相融；
4.缺少道路绿化；
5.缺少社区级活动绿地，现有公园利用率低，公众参与感低；
6.绿化形式单一，绿地率低，绿视率低，没有合理视线引导与组织；
……

公共空间品质问题

7.街道可停留性低，车行主导，慢性体验差；
8.街道功能和活力分配不均；
9.街道风貌差异化大；
10.片区东部商街店面冷清，沿街店铺有关门现象，东南边高层商业楼空置现象较严重；
11.片区没有集中活动广场，公众自发性社交娱乐休闲行为较少，行为不连续；
12.商业街巷空间缺少活力，无法吸引客流，空间品质欠佳；
13.慢行交通连续性差，形式单一；
14.交通灵活性较弱；
15.交通流线混乱；
16.纵横路网阻隔公众行为活动；
……

现状使用人群

小孩、学生、通勤工作人员、居民、退休人员、老人、商铺店主、宗教人员、快递人员、外卖人员、安保人员、游客等

设计新增人群

集市卖家、餐车主人、赶集市者、智慧城市研发者、未来城市探索者、青年创客、学者……

总体定位

ECO & MULTI
Cullen settlement

库伦·模式
多样生态城市设计

蒙古人屯驻某地时，就会围成一个圈子，在行政、生活、攻守等方面构成一个单位，即古列延。古列延即环形之意，氏族或部落酋长的毡帐坐落在这中心。从这个中心依次延着环形层层向外展开。清代的满洲大营、八旗大营即古列延的延续与军事化的体现。

"Eco & Multi"更新理念是美国Perkins Esatman公司多样城市概念与生态文明思想在内蒙古呼和浩特回民区宽巷子民俗文化区区的在地体现。如今的呼市作为现代化区域中心，草原上的帐幕慢车早已变成青城一幢幢拔地而起的高楼，但圆的向心与辐射始终是呼市发展过程中的凝练与核心。中心需要迭代，重心需要迁移：古列延、阿寅勒、鄂托克、归化绥远的融合、城市肌理的扩张——回到市民的视角，去追问是什么让回民区新中心更美好，它将如何实现从中心到重心的时空格局之变？

策略集合

立体交通设计

划分道路使用

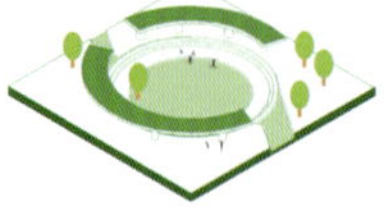

塑造社交空间

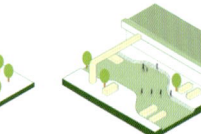
促进底商互动

增强绿化节点

体验社区活动

更新期愿

内蒙古呼和浩特回民区宽巷子民俗文化区城市更新设计以独特的蒙古游牧文化"库伦"模式为引，以生态文明思想为内核，响应健康宜居活力城市建设目标，通过多元化的空间设计，打造"五分水景五分城"城水融合的蓝绿格局，通过"一核辐射，两轴两环，E廊渗透"空间布局，增强片区生态韧性，提升公共空间品质，塑造城市文化风貌，盘活城市功能业态。健康，美丽，包容，平等富足，让回民区新中心更美好。

物质空间

建筑肌理

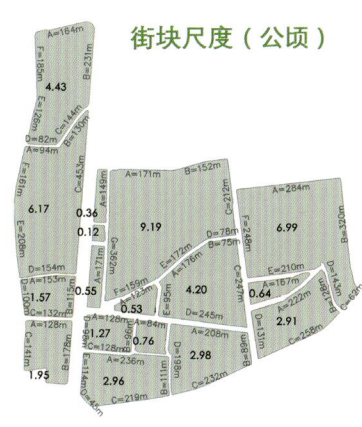

街块尺度（公顷）

A=164m
4.43
D=82m
D=94m
6.17 0.36
0.12
9.19
A=171m B=152m
E=208m
A=284m
6.99 B=281m
0.55
1.57
0.53 4.20
0.64
2.91
1.27 0.76
2.98
1.95
2.96 2.36

肌理容量

容积率：0.65
容积率：2.86
容积率：0.58
容积率：1.59 容积率：1.21
容积率：1.75
容积率：1.34 容积率：1.25 容积率：1.05 容积率：1.07
容积率：1.42 容积率：1.38 容积率：1.74
容积率：0.97 容积率：1.22 容积率：1.14

建筑高度

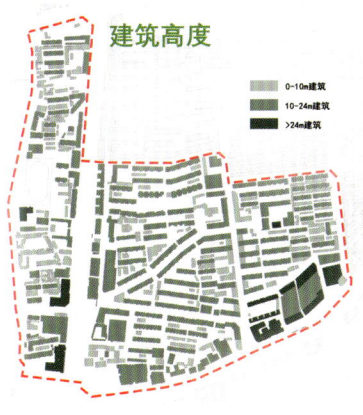

■ 0-10m建筑
■ 10-24m建筑
■ >24m建筑

建筑评价

建筑年代

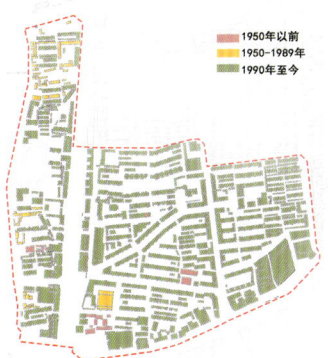

■ 1950年以前
■ 1950-1989年
■ 1990年至今

建筑风貌

■ 历史建筑
■ 传统风貌建筑
■ 协调建筑
■ 具有传统元素的现代建筑
■ 现代建筑
■ 老旧建筑

建筑质量

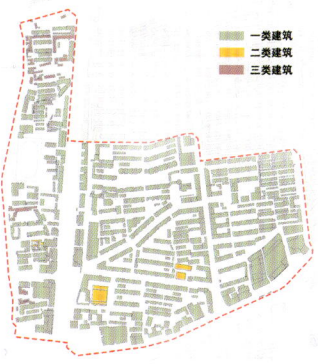

■ 一类建筑
■ 二类建筑
■ 三类建筑

建筑高度

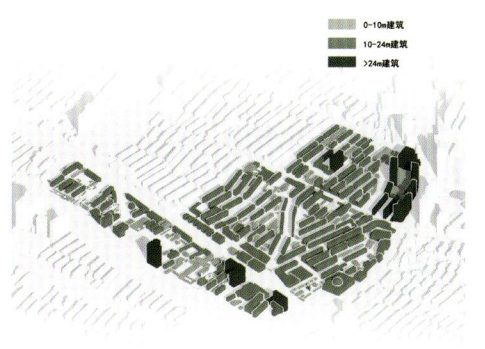

■ 0-10m建筑
■ 10-24m建筑
■ >24m建筑

空间评价

 内蒙古医科大学附属第二医院、意达V公馆
片区维持着较低的平缓天际线，突然出现两座高层建筑打破了这种秩序。

 滨河南路北侧沿街建筑
沿街老房严重影响城市风貌，多为低层老旧建筑，影响城市整体布局。

 滨河南路南侧&通道南路南侧沿街建筑
此处的鑫兴商场、云龙小区、九鹏大厦等建筑紧密排布，使得城市空间闭塞，且影响沿河风貌。

 通道南路
场地西部的通道南路，路面较宽且各个人行道与过街天桥间隔大，阻碍人们的慢行与活动。

 翔宇花园小区
小区内道路无秩序感，多中断道路，通行效率低。

 **前新城道**
场地东部的前新城道，其道路边界与城市缺少过渡空间，影响居民日常出行。

 宽巷子
从宽巷子入口进入后人们将面对三条道路，其沿街业态各有不同，无从选择。

 祥和一区
小区内部缺少公共活动空间，居民尤其是老年居民的日常社交不便利，日积月累影响居民身心健康。

 宽巷子、后新城道
两条道路沿街多为单层配套住宅，居民从小区内部来到美食街的行为空间转变太快，未设置缓冲区。

ECO & MULTI 库伦模式·生态设计 3

单项分析

用地现状
道路现状
功能现状
慢行现状
绿地现状
交通节点

策略集合落位

- 立体交通设计
- 划分道路使用
- 塑造社交空间
- 促进底商互动
- 增强绿化节点
- 体验社区活动
- 加强街道连贯
- 实现数据共享

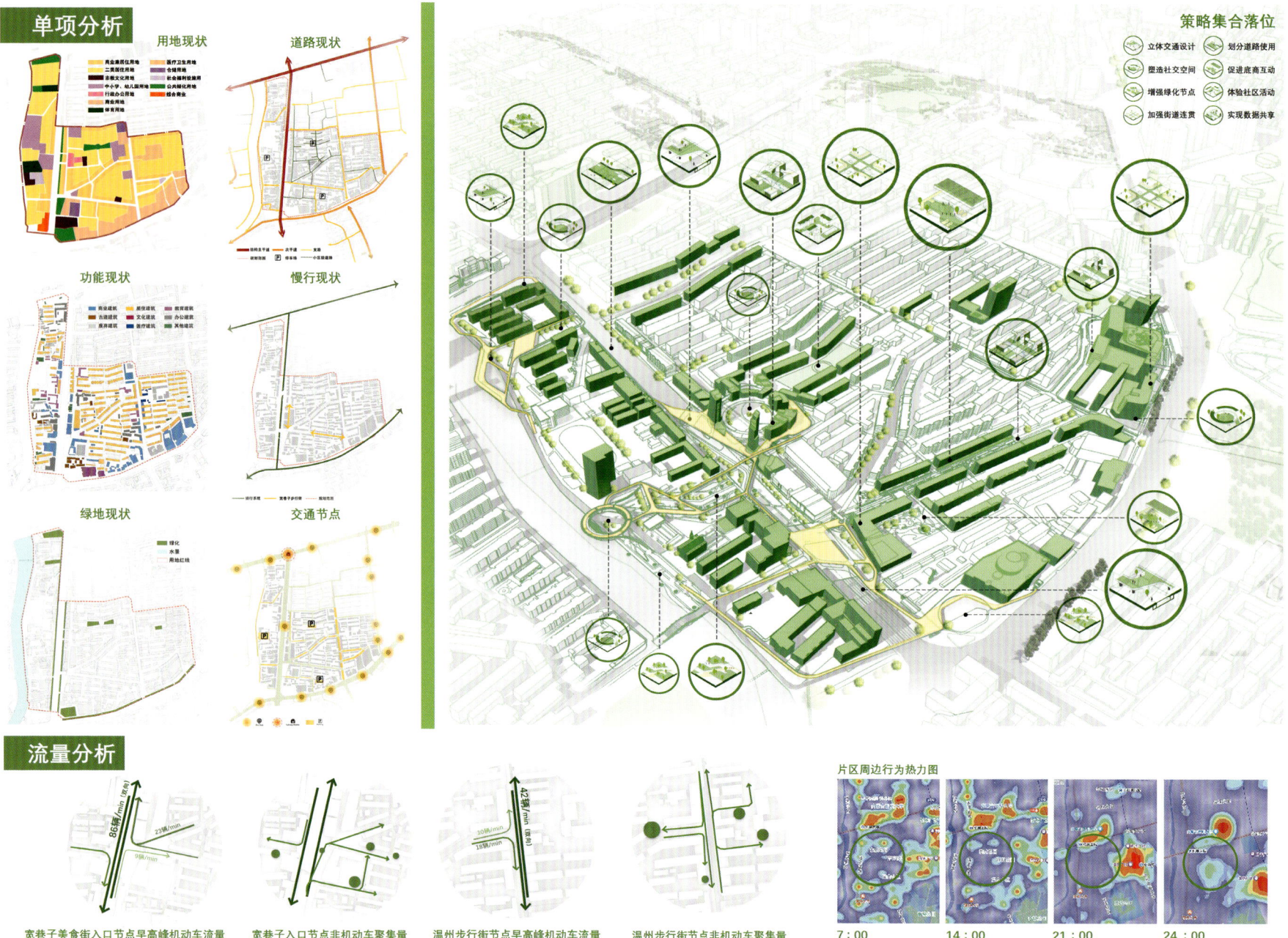

流量分析

宽巷子美食街入口节点早高峰机动车流量

宽巷子入口节点非机动车聚集量

温州步行街节点早高峰机动车流量

温州步行街节点非机动车聚集量

片区周边行为热力图

| 7:00 | 14:00 | 21:00 | 24:00 |

空间构架

打造"一核辐射、两轴两环、E廊渗透"的城水共融蓝绿生态格局

项目	理论基础	设计策略	更新措施
内蒙古呼和浩特宽巷子基于游牧文化传统聚落"库伦"模式的多样生态城市设计	生态文明思想	扎达盖河滨水景观轴 E形生态景观渗透廊道	治理河道，构筑五分水景五分城，共融共生的城水空间 "生态+体育、商业、生活"的三线充分渗透绿地系统 蓝绿脉络：点线面塑造多样绿地类型与城市滨水空间
	健康宜居城市	一核辐射、多点串联生活圈 居民休闲活动绿化生态环	依托城市绿廊，在核心区外围布局5个综合性邻里中心 形成全龄覆盖、均等多元的社区服务设施500m生活圈 打造"300m见绿，500m见园"的健康宜居之城
	多样城市	城市中心辐射核 多样城市生活综合轴 宽巷子民俗文化商业环	韧性多样性：森林市集与滨水绿带的持续生态 路径多样性：慢行连续快行高效的交通便捷系统 选择多样性：底商盘活和业态功能的丰富配套 体验多样性：行为串联的层次空间规划 空间多样性：城市风貌和空间界面的多样塑造

目标研判

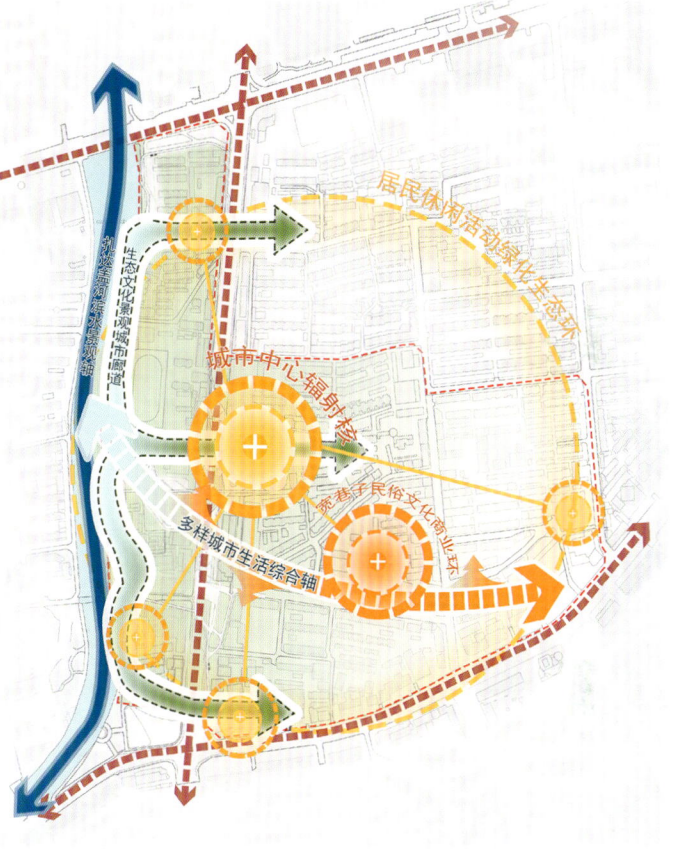

1.片区生态韧性增强

2.片区公共空间品质提升

3.城市文化风貌提升

4.城市功能业态盘活

逻辑生成

保留并展现具有历史价值的特色建筑

连接并梳理划分场地

推出核心地块带动周边

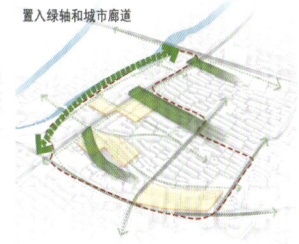
置入绿轴和城市廊道

细化轴线上的建筑组团与单体

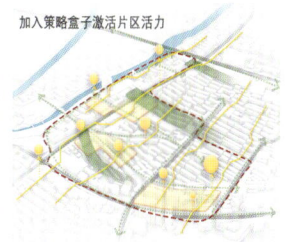
加入策略盒子激活片区活力

ECO & MULTI 库伦模式·生态设计 5

总平面图 / KEY STRUCTURE

①伊利广场　②阿拉伯时尚广场　③清真大寺　④宽巷子美食广场　⑤宽巷子美食街　⑥城市景观廊道
⑦居民休闲绿地　⑧城市滨水广场　⑨天主教堂　⑩城市滨河观景台　⑪滨河绿核　⑫圆环废墟
⑬呼市回民中学　⑭北岸绿廊　⑮体育广场　⑯居民休闲绿地　⑰便民小铺　⑱
⑲民族风情大街　⑳民族风情大街　㉑回民区综合政务楼　㉒居民休闲绿地　㉓广场　㉔

总体经济技术指标

总用地面积：955797㎡
总建筑面积：921203.52㎡
占地面积：598619.75㎡
建筑密度：62.63%
容积率：1.33
绿地率：35.36%

建筑高度控制：
基地内保留建筑
基地内拆除建筑
基地内新建建筑

规划分期战略

近期建设目标（2024~2028年）

近期建设要优先发展和城区景观风貌较密切的项目，系统整治扎达盖河东岸滨水景观，拆除片区违建、破旧零碎房屋，完成各个绿化节点公园的建设，完成宽巷子美食街空间改造和文保区域的改造，留出部分远景规划战略用地。

中期建设目标（2028~2033年）

规划的辐射中心周边建筑初见雏形，建设下沉式交通，改造街巷空间，建设中心区的城市廊道，改造沿路建筑，统一城市风貌，进一步完善中心区绿地系统，完成区域的绿地建设。

远期建设目标（2033~2043年）

城市滨水景观与生态垂直绿化完成，城市生活步道完成，互联共享，韧性控温建设基本完成，回民区中心区建设完成，形成生态、智慧、健康、可持续的蓝绿样板。

用地规划

商业兼居住用地　商业用地
二类居住用地　公共绿化用地
宗教文化用地　综合商业
行政、办公用地　社会停车场用地
中小学、幼儿园用地

高度引导

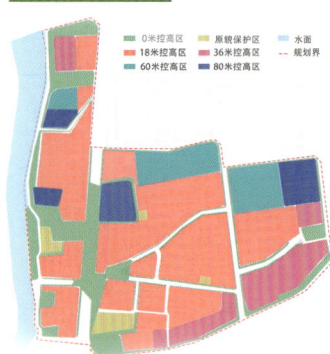

0米控高区　原貌保护区　水面
18米控高区　36米控高区　规划界
60米控高区　80米控高区

功能规划

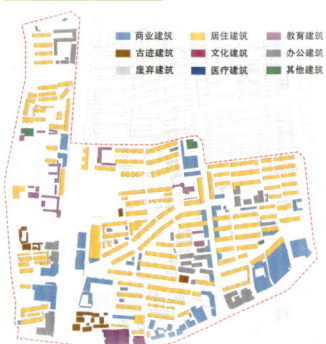

商业建筑　居住建筑　教育建筑
古迹建筑　文化建筑　办公建筑
废弃建筑　医疗建筑　其他建筑

地下开发

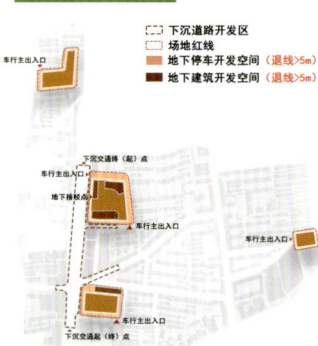

下沉道路开发区
场地红线
地下停车开发空间（退线>5m）
地下建筑开发空间（退线>5m）

车行主出入口　下沉交通（起）点　地下接驳道　下沉交通（终）点

强度引导

容积率：0.65
容积率：0.58　容积率：1.19
容积率：1.84　容积率：1.34
容积率：1.87
容积率：1.34　容积率：1.14　容积率：1.05　容积率：1.07
容积率：1.21
容积率：1.42　容积率：1.22　容积率：1.14　容积率：1.57
容积率：0.97

分期战略

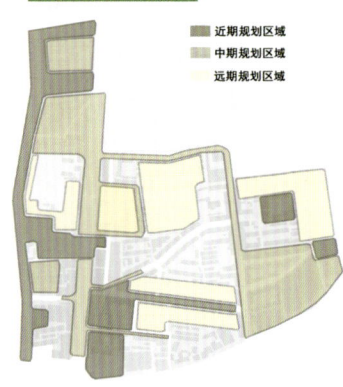

近期规划区域
中期规划区域
远期规划区域

沿河带与通道南路周边片区作为更新的重点地段之一，对改造前后的城市品质进行分析

物质空间评估

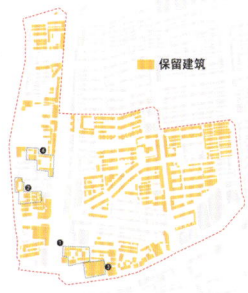

保留建筑

① 文物保护单位：以清真大寺为例
通道南路东侧的清真大寺为全国重点文物保护单位，是呼和浩特市建筑年代最早、规模最大的一座清真寺。
保护形式： 保存中国传统内向式庭院建筑布局，引导周边建筑肌理、高度与文保建筑风貌协调，创造更多观赏视角。

② 文物保护单位：以天主教堂为例
扎达盖河东侧的天主教堂，建筑高25米，宽20米，坐东面西。为国家重点文物保护单位，具有巨大的历史文化价值。
保护形式： 延续西方教堂广场的开放形式，在教堂与河岸间设置前广场与雕塑将教堂充分展现，作为滨河景观带重要节点之一。

③ 保护类建筑：艾博伊和宫
艾博伊和宫是一座非常典型的伊斯兰风格建筑，西门前有一广场，集餐饮、表演、休闲、娱乐及购物于一体。
保护形式： 不必改扩建，可对其内部进行现代化改造。

④ 暂保类建筑：呼和浩特市回民中学
回民中学创建于1956年，1980年被确定为自治区首批重点中学，是内蒙古自治区、呼和浩特市两级民族重点中学。
保护形式： 功能完备，调研期间正新建体育馆，短期不必改建更新。

改造建筑

⑨ 祥和批发市场
拆除原因： 体量庞大且利用率低，批发市场位于宽巷子入口，产生垃圾多，影响宽巷子街道环境卫生。
措施： 拆除后建美食广场，作为宽巷子美食街和烧烤街的串联点和周边居民活动空间，自然地在出口将游览完清真大寺的游客引入美食街。

⑥ 沿街整饰类建筑：以义乌市场为例
问题： 高宽比失衡，较为封闭；地段优越但功能单一，商业模式待更新。
改造： 将立面部分区域打通，连通东西两侧的活动广场，结合城市连廊赋予新功能，引导人流串联室内外行为，激活业态。

⑦ 功能整合建筑：内蒙古医科大学第二附属医院
问题： 曾为医大二院的高层建筑现已整体搬迁，亟待更新。
改造： 将规划拆除的分散在片区的税务局、居委会、供热公司、环卫公司等整合于此，形成居民区宽巷子综合政务楼。

⑧ 功能整合建筑：祥和供热公司
问题： 供热公司及废旧锅炉房影响市容市貌，位于居民住宅区内，功能混乱。
改造： 拆改加固后用于周边停车和社区便民服务，烟囱与部分厂房结合绿化改造，形成文化活动空间。

ECO & MULTI 库伦模式 · 生态设计 7

电气和通信技术管道（ICT）
燃气管
总水管
排水和集水池
绿色基础设施
太阳能板
照明
饮用水总管
电气和通信技术管道
再生水管
污水管
排水和集水池

立体交通轴测

二层城市步行系统

骑行系统

地面车行系统

街块体系

地下行车+停车系统

路网设计

道路层级

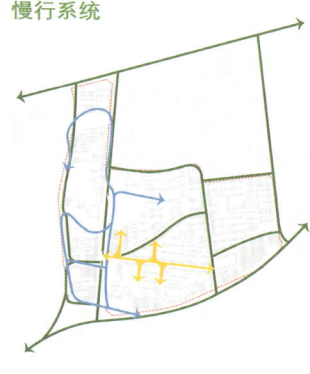

结构主干道　次干道　支路
小区级道路　城市地下停车场　下穿隧道
规划范围

道路走向

慢行系统

二层漫步系统　骑行系统　宽巷子步行系统
下穿隧道　规划范围

交通设计策略

Eco & Multi
以人为本
多模式
立体交通

实行上层步行、地面车行慢行、地下车行的慢行优先的多模式立体交通系统，提高交通效率，提升片区活力，增加开放空间。

1.下穿式设计策略

通道南路与支路连接路段采用下穿式设计，缓解交通瓶颈，实现快速交通，退让上层空间，消除空间割裂，打造高品质的公共空间。

2.行车系统策略

更新车行路网，优化少量不合理小区级道路，引导行车走向，形成交通微循环，提高交通高效性和便捷性。

3.骑行系统策略

完善骑行路线，形成连续、舒适的骑行系统；对接步行和车行，达到交通模式便捷切换，实现交通行为无缝衔接。

4.步行配套策略

增设二层漫步行步道，结合地面慢行，形成立体步行系统，串联空间，提高线维度，创造丰富的观赏角度和城市视廊。

5.交通配套策略

规划公交站点、私人交通接驳点、地下停车空间，有效集散人群，提高出行效率。

6.街道断面更新策略

根据街道属性，使用"积木式"的断面设计手法，区分固定宽度和可变宽度要素，为可变宽度要素提供明确的场景，取值范围，合理控制街道高宽比，营造高品质街道空间。

街道骑行设计

① ② ③ ④

 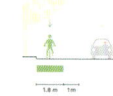 

2 m　1 m　　1.8 m　1 m　　2.1 m　1.2 m　1 m
3.2 m

宽巷子街道个性化铺装设计

为商铺设计沿街外摆售卖区

通道南路开放连续的活动街道

中山西路商业区街边的分行空间

景观设计策略

邻里生活
居住空间
休闲空间

景观绿道
滨水景观
立体廊道

商业串联
沿街商业空间
商业中心衔接

体育运动
体育运动配套设施
公共运动场地

城市特色风貌步道

扎达盖河滨水景观轴

绿化
水景
用地红线
景观节点

Eco & Multi
——景观策略

两纵三横
蓝绿共生

扎达盖河滨水景观轴

项目地块邻近扎达盖河且河景优美，但是现状地块并没有将河景充分利用，所以我们建立了滨河立体景观廊道，并与多个小型绿地公园串联，引水入内，引景入城，打造扎达盖河滨水景观轴，活化整个片区生态。

城市特色风貌步道

我们将地块内通道南路中段做了下沉交通，将原本水平地面的行车道改为了线性的绿地公园广场，形成了一条南北走向、串联东西的具有城市特色风貌的通道南路步道。

生态 E 廊

以滨河景观为核心景观，'景观+体育/生活/商业'自北向南三轴联动形成生态 E 廊，将扎达盖河景观由东向西渗透入场地内部，并建立多个景观节点，辐射至更广的范围，打造城水交融的多样生态城市。

生态 E 廊—景观+体育

结合场地北侧现有的一个小型体育公园，我们将其周围废弃的平房拆除，由河向内打通绿轴，铺设绿地并架设亲水景观廊道，形成'景观+体育'的多模式'生态+'格局。

生态 E 廊—景观+生活

我们在扎达盖河东岸中部建立了多层、立体的景观廊道，配合较为集中的绿地系统，并与滨水绿地公园串联，将滨水景观引入场地中部的中央生活环，形成'景观+生活'的多模式'生态+'格局。

生态 E 廊—景观+商业

场地南侧多为商业业态，延续自北向南的景观廊道并配合相应景观绿地，与中山西路的沿街商业实现串联，最终形成'景观+商业'的多模式'生态+'格局。

ECO & MULTI 库伦模式·生态设计 9

景观节点平面

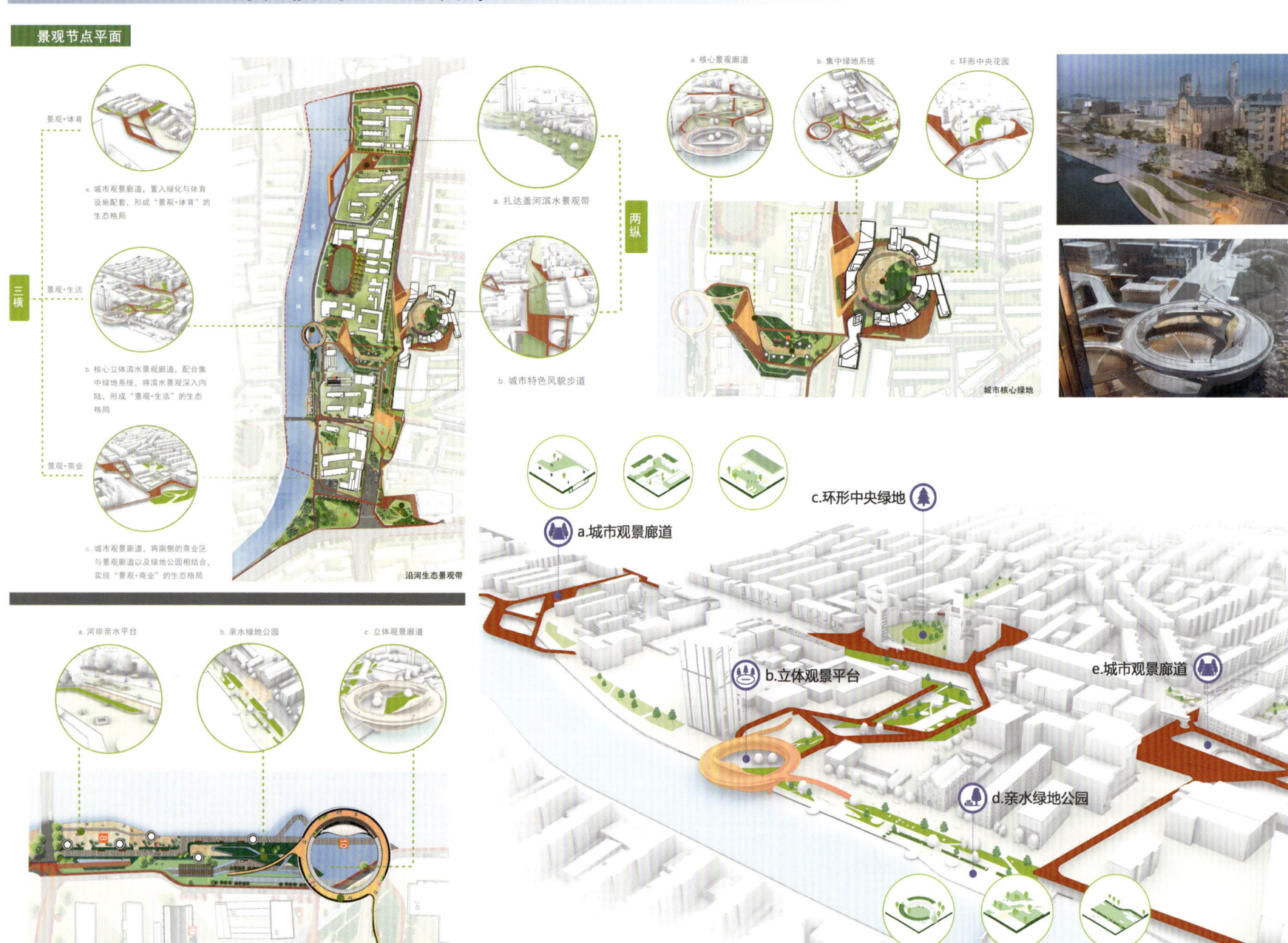

景观+体育

a. 城市观景廊道，置入绿化与体育设施配套，形成"景观+体育"的生态格局

景观+生活

b. 核心立体滨水景观廊道，配合集中绿地系统，将滨水景观深入内陆，形成"景观+生活"的生态格局

景观+商业

c. 城市观景廊道，将南侧的商业区与景观廊道以及绿地公园相结合，实现"景观+商业"的生态格局

三横

a. 扎达盖河滨水景观带

b. 城市特色风貌步道

两纵

沿河生态景观带

a. 河岸亲水平台   b. 亲水绿地公园   c. 立体观景廊道

沿河景观节点

a. 核心景观廊道   b. 集中绿地系统   c. 环形中央花园

城市核心绿地

c. 环形中央绿地

a. 城市观景廊道

b. 立体观景平台

e. 城市观景廊道

d. 亲水绿地公园

ECO & MULTI 库伦模式 · 生态设计 10

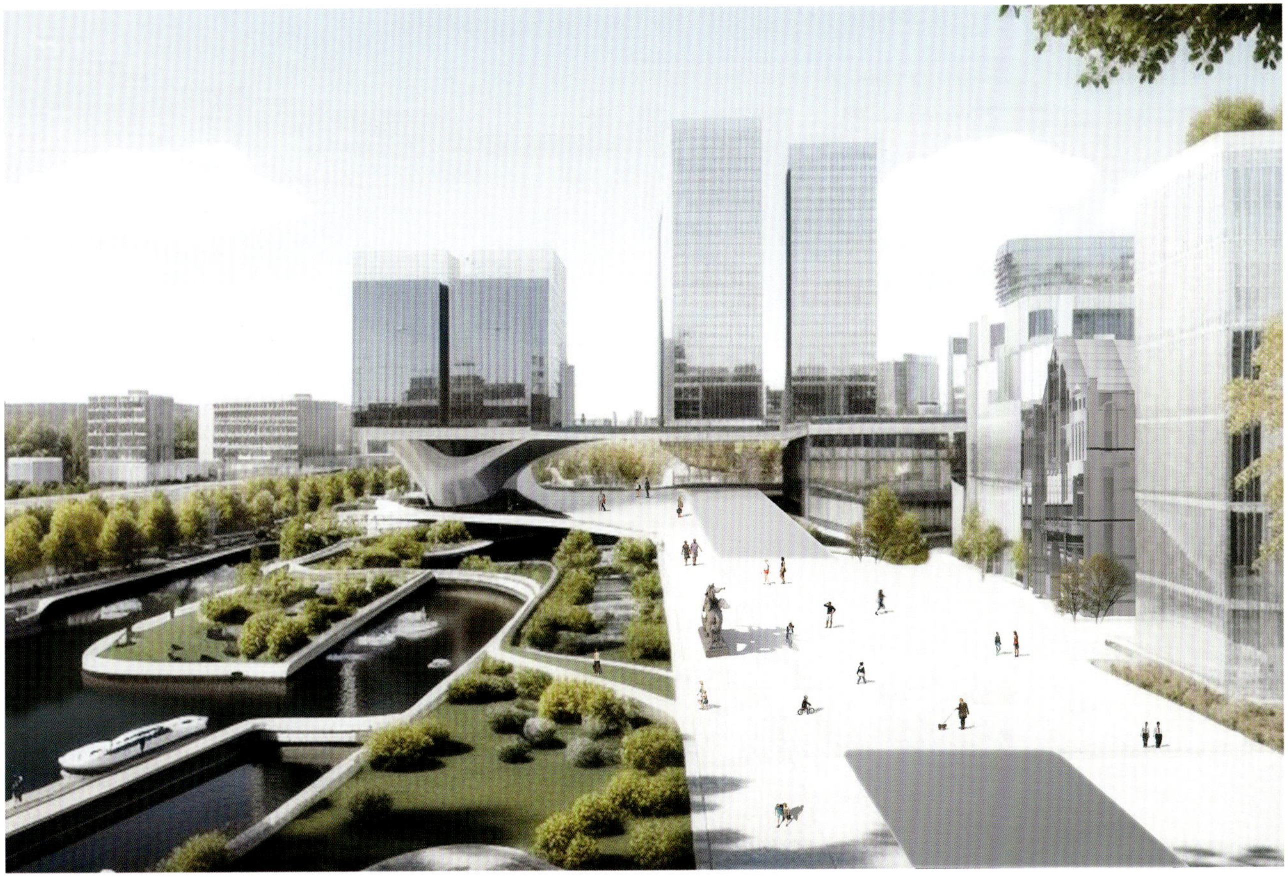

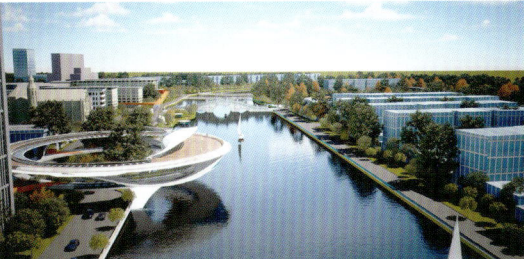

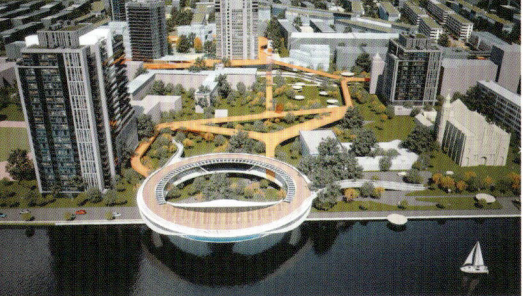

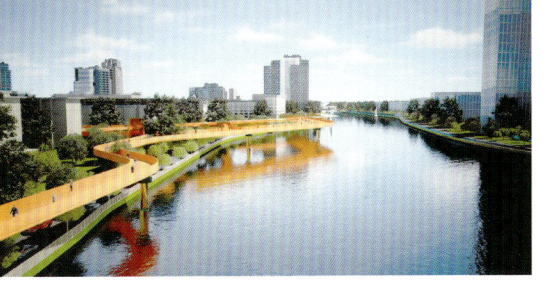

绿化断面分析

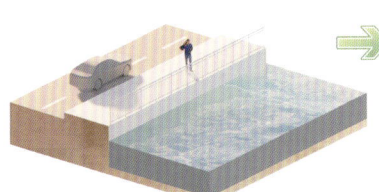

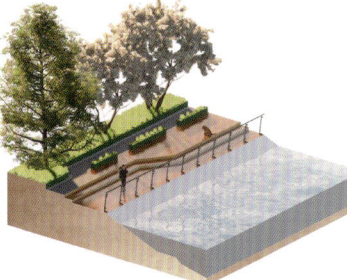

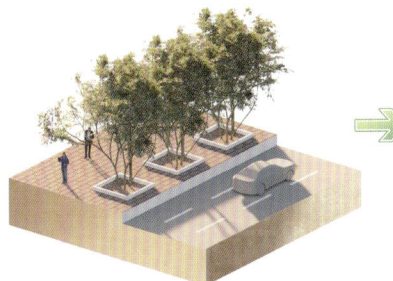

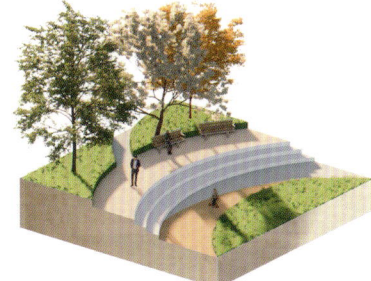

原滨河景观断面

现状场地并没有对滨河场地进行设计利用，并且沿河岸的绿化极少，很少有人在此处停留

更新后滨河景观断面

更新后的滨河沿岸置入了一个小型滨水绿地公园，并建立了亲水平台，人们可以在此处坐歇停留

原场地内道路绿化断面

场地内的绿化极少且形式单一，行道树是场地内的唯一绿化形式；同时缺少公共活动空间

更新后环形中央绿化断面

更新后环形中央绿地广场的置入，不仅解决了场地内绿化率低的问题，同时为居民提供了一个可游可观的场所

ECO & MULTI 库伦模式 · 生态设计 11

建筑风貌引导

建筑色彩

应清新明亮，以冷灰和浅暖色调为基础，局部可采用褐色、红色等重色亮色点缀。

建筑材质

底层空间尺度宜人，避免空间划分混乱，设商铺的低层建筑尽可能使用干挂石材、穿孔铝板等有质感的材料以体现肌理和细节感。

中高层宜采用节能耐久的面砖、石材等现代材料，并注重与周边建筑的呼应。通过橱窗、玻璃、百叶等手法强化视线沟通。

第五立面

第五立面整体以平屋顶为主，多层建筑鼓励屋顶绿化，并设置立体的公共活动空间。

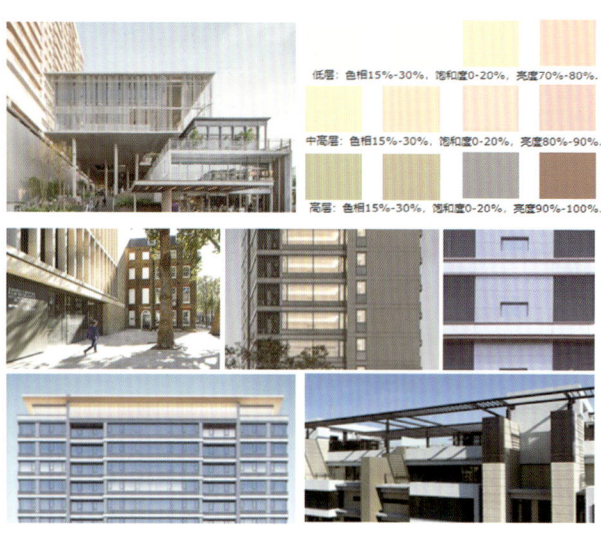

低层：色相15%-30%，饱和度0-20%，亮度70%-80%。

中高层：色相15%-30%，饱和度0-20%，亮度80%-90%。

高层：色相15%-30%，饱和度0-20%，亮度90%-100%。

片区引导典型

城市剖立面图

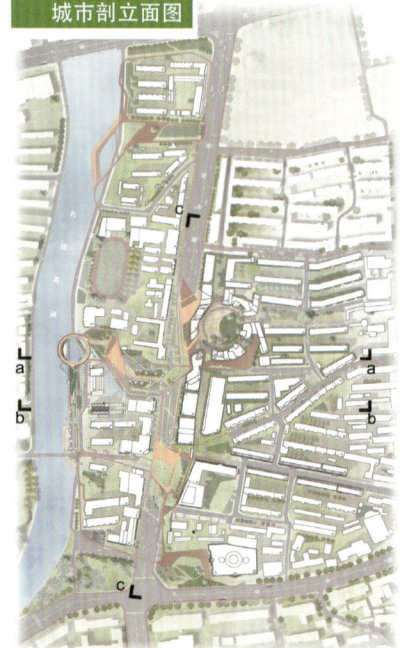

a-a场地剖面

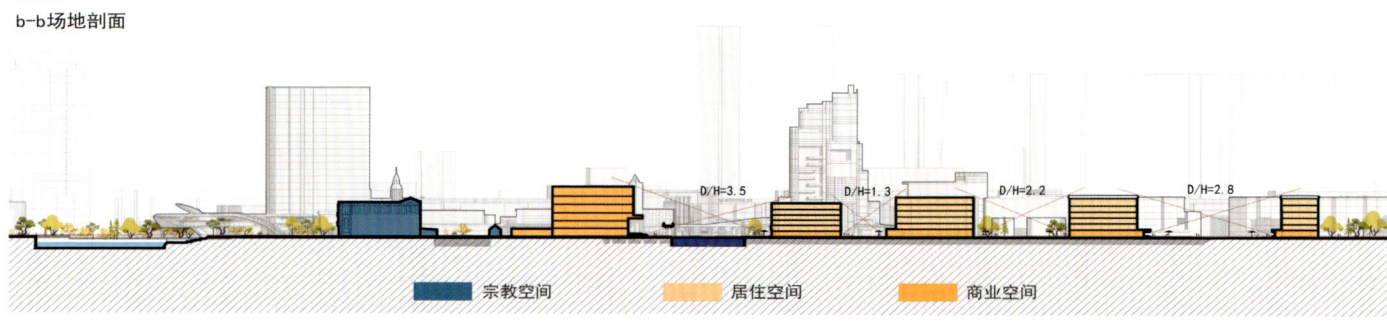

D/H=0.9 D/H=1.9 D/H=1.6

休闲空间　教育空间　居住空间　社会停车空间　商业空间　交通空间　城市观光空间　智慧城市数据中心　都市立体农场

b-b场地剖面

D/H=3.5 D/H=1.3 D/H=2.2 D/H=2.8

宗教空间　居住空间　商业空间

建筑组团改造

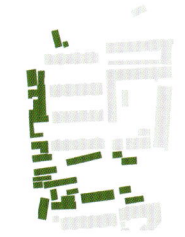

组团1:沿河北岸居住组团

原状:低层住宅的行列布局被沿岸零碎搭建的平房打乱,不仅影响河岸风貌,同时加大了小区人车出入的压力。

改造:将零碎的一、二层平房拆除,还原行列布局,设置小区级绿化场地作为扎达盖河和渗透绿廊的景观节点之一。

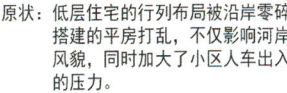
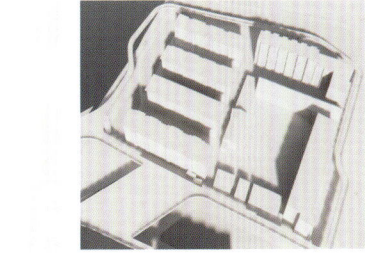

组团2:通道南路中段组团

原状:片区建筑肌理混乱,功能混杂,集中布置了养老院、税务局、宿舍楼、工厂平房等,动线混乱交通压力大。

改造:经过数据流量分析后确定为回民区新中心,旧区重建智慧控制中心、立体农场、商业办公等功能,同时设置核心绿地与河岸城市会客厅相连接。

组团3:宽巷子入口处组团

原状:该片区是商住混合区,入口处的批发市场体量大、利用率低,产生的垃圾影响片区环境卫生。

改造:将批发市场拆除设置美食广场,成为烧烤街和美食街的过渡区,强化建筑围合的边界,有效引导人流,区分居民与消费休闲人群动线。

北方工业大学二组

c-c通道南路剖立面图

ECO & MULTI 库伦模式 · 生态设计 13

休闲美食圈、活力宽巷子

特色白道川、多样生活轴

惬意社交圈、城市会客厅

水绿环绕城、魅力回民区

新中心规划

智慧城市数据中心

商业

办公区

屋顶花园

酒店

花园办公

花园商业

商业观光

都市立体农场

展览馆

中央绿地

未来新中心方案[创造城市新维度，重塑城市新境界]

智慧片区管理系统

信息来源

街道监控录像

人流量传感器

骑行路况导航

街道动态路桩
高峰时期路缘空间留给汽车，非高峰时期，路缘空间可用来进行活动

自适应信号灯
可实时自动调整，帮助速度较慢行人安全通过马路

共享停车位
车位情况实时更新在智慧系统上，提高使用效率

寻路信标
与照明结合，可被智能手机接收，广播导航信息，为人们提供帮助

街道智慧监测系统

信息来源

户外温度湿度

户外空气质量

户外噪声分布

可开合外摆装置
根据店铺需求与人流量情况，综合判断外摆的开与合

自动压缩垃圾槽
垃圾箱的满溢程度可实时被智慧系统监测，进行智能压缩，及时清理

可伸缩遮阳棚
根据天气云数据可自动伸缩，街道活动更舒适

可收纳休憩设施
根据人群需求，墙上的收纳座椅可轻松放下，为人们提供临时休憩点

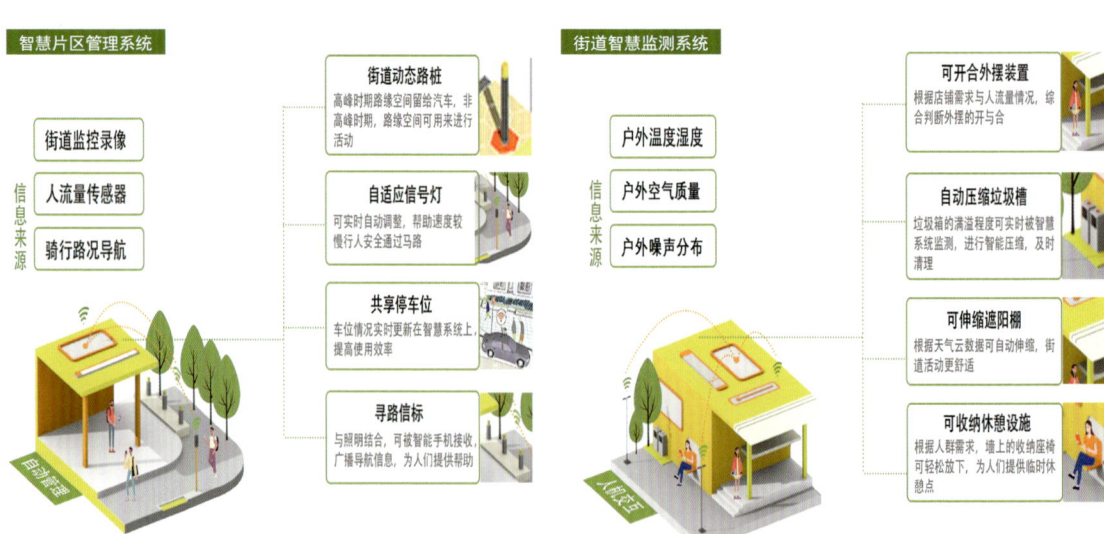

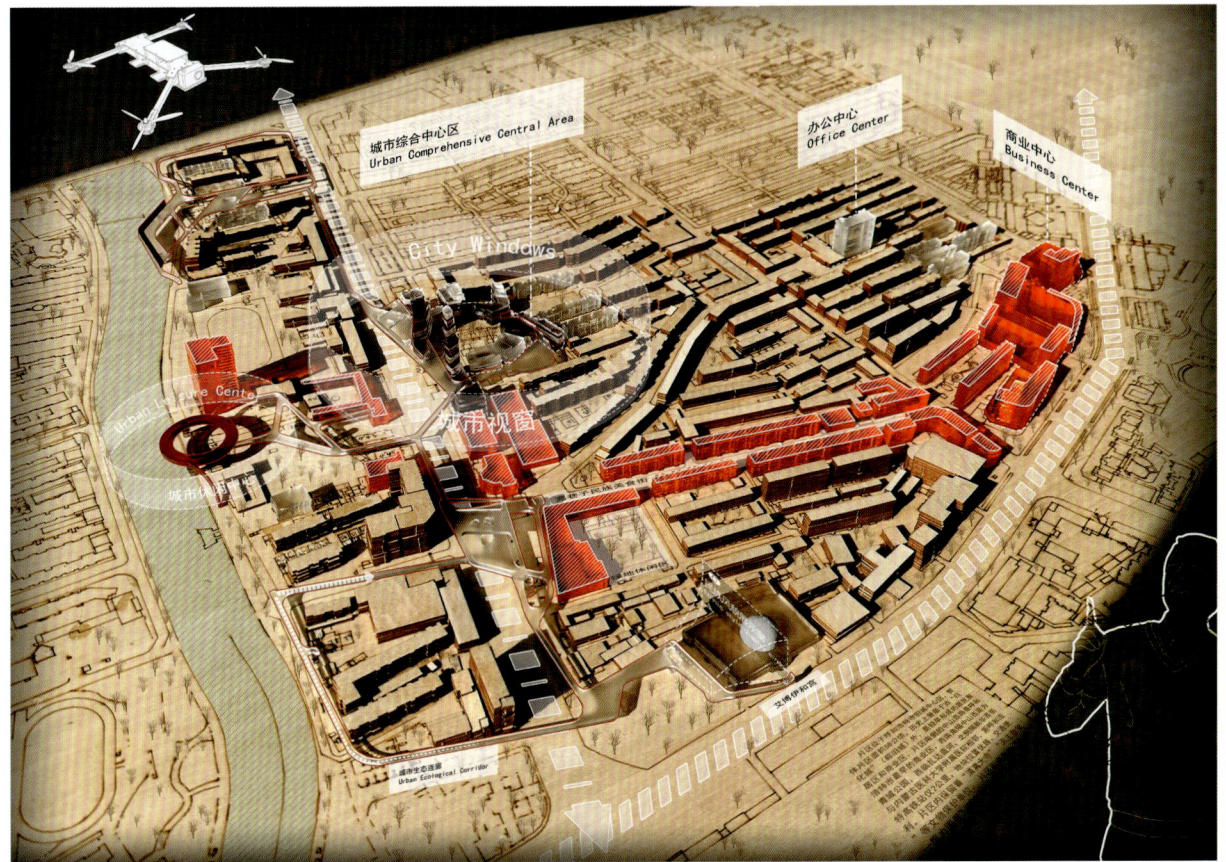

城市综合中心区
Urban Comprehensive Central Area

办公中心
Office Center

商业中心
Business Center

City Windows

城市视窗

城市休闲中心
Urban Leisure Center

城市休闲

城市生态廊道
Urban Ecological Corridor

艾博伊和园

一核辐射、两轴两环、E廊渗透的城水共融蓝绿生态格局

ECO & MULTI
Cullen settlement
库伦 · 模式
多样生态城市设计

如果绕开复杂的系统建构，回到起点，回到市民的视角，去追问是什么让回民区新中心更美好，它将如何实现中心到重心的时空格局之变？

健康、美丽、包容、平等、富足、生态、持续
时间可控、场所可爱、文明可感知、未来可参与

如果用语言描述回民区未来的美好，那一定是年轻的活力、创新的热力、环境的耐力和文明的生命力。

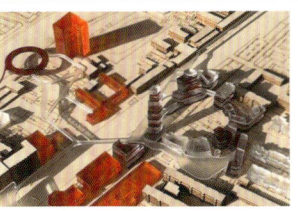
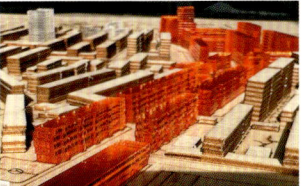
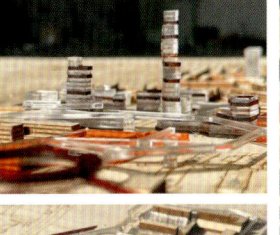

ECO & MULTI 库伦模式 · 生态设计 15

我们走街访巷，探寻着属于城市的古老记忆；
这是对来路的叩问，也是对前路的指引。

Eco & Multi 库伦模式多样生态城市设计，以生态文明思想为内核，以"一核辐射、两轴两环、E 廊渗透"为整体空间结构，打通扎达盖河与城市居民区的阻碍，提高城市的生态韧性；打破人们行为割裂的状态，盘活沿街商业、植入城市连廊，将衣食住行游购娱串联，在优化城市生态环境的同时通过空间设计提升发展动能，合理规划生态、生活、生产空间，最终实现"Eco & Multi"街区焕活的设计目标。

向外观望，入目是城水交融的窗外盛景；
向下俯瞰，尽览灯火璀璨的烟火人间……
远山与云影，近城与繁华，景与城的边界渐渐模糊。
以城市为幕布，展开纵横间的细腻与辽阔，
注入时代中的温度和脉搏，
重现现代气息下的库伦生态城市意蕴。

2023.09.12~2023.11.12

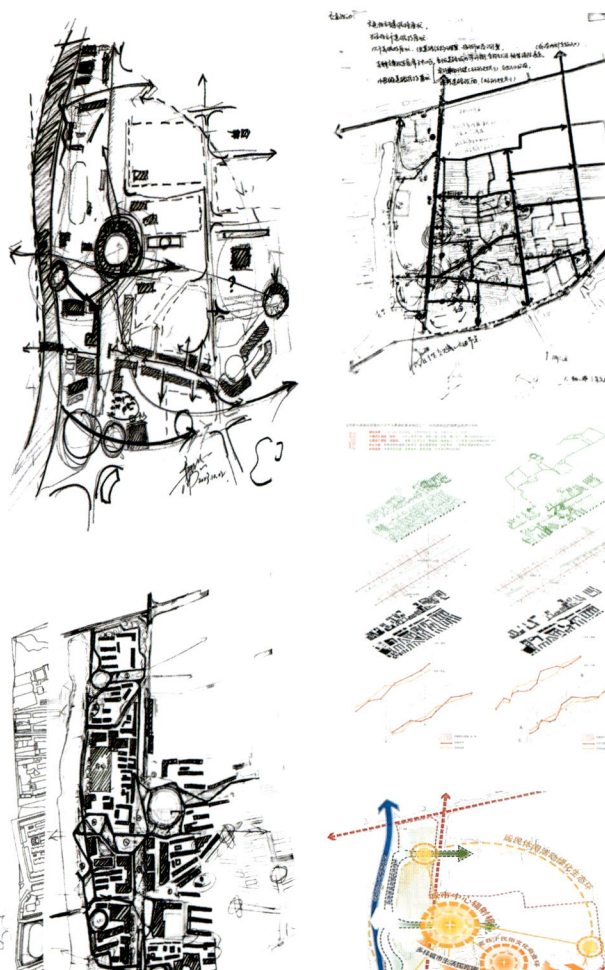

高世杰   李 硕   李心怡   吴邦伟

60DAYS：解读任务书 — 现场调研 — 制定工作大纲 — 解读优秀案例 — 确定设计目标 — 单项设计 — 深入设计 — 绘制CAD — 建模渲染 — 排版出图 — 制作视频与周边

内蒙古·呼和浩特

呼和浩特宽巷子民俗文化片区城市更新设计

脉搏延续 · 市景新生

山东建筑大学一组

李啸跃　陈嘉贝　赵 玥　李 凡

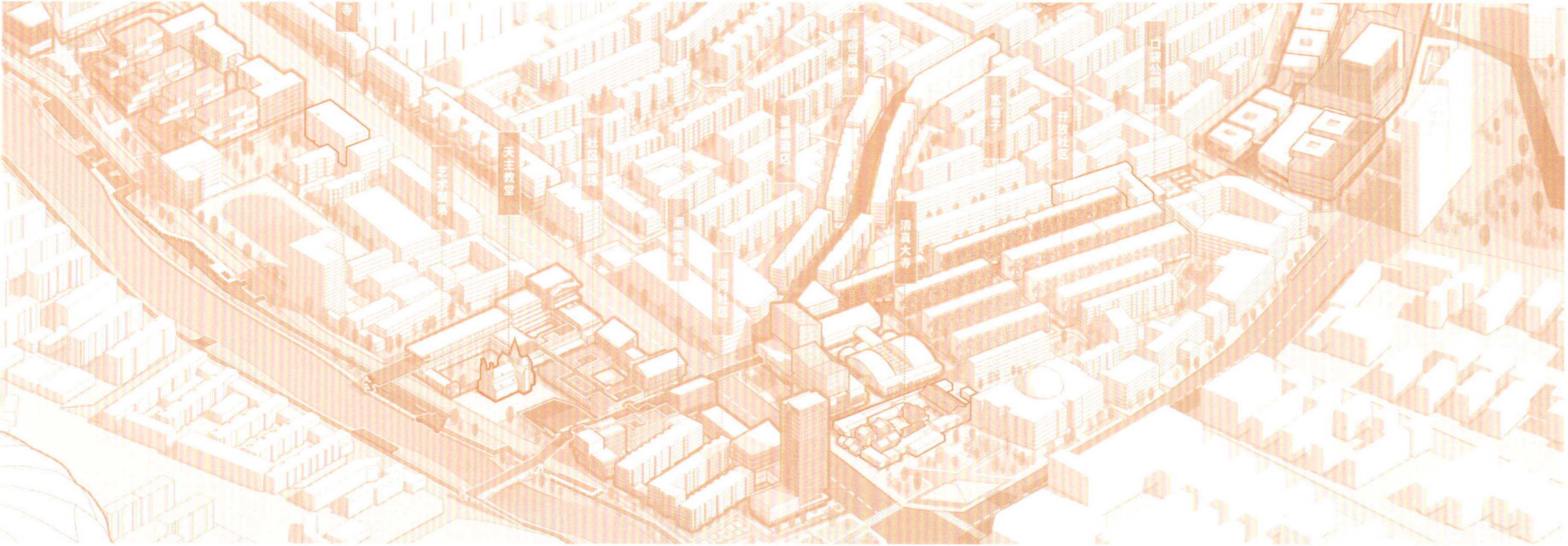

脉搏延续 · 市景新生 1

设计说明

当城市化席卷这座古老的要塞城市的时候，也为这座千年古城带来了新的发展与机遇，但现代化的建筑形式与城市建设方法也给现有的人文景观、城市空间、历史文化带来了不小的冲击。如何保证历史遗迹与现代建筑新旧并置、和谐共存是现代城市设计中不可避免的挑战。

设计方案以扎达盖河为纽带，城市文商片区为节点，赋予基地片区"城市心脏"的功能定位，串联起这座古城的休闲、文化、商业脉络，为呼和浩特注入新的发展活力。重塑滨河景观系统，改善单一生硬的河岸景观，串联起上下游散落的人文节点，并与场地内宽巷子文化街区轴线相交，共同传承发扬呼市文化，留存这座城市的历史记忆。

经济技术指标

经济技术指标		
项目	数值	计量单位
总用地面积	58	ha
停车位	1566	个
平均层数	6	层
建筑总面积	625598	m²
商业建筑面积	83655	m²
居住建筑面积	465950	m²
公共建筑面积	48450	m²
其他面积	27543	m²
建筑密度	26	%
容积率	1.32	—
绿地率	21.2	%

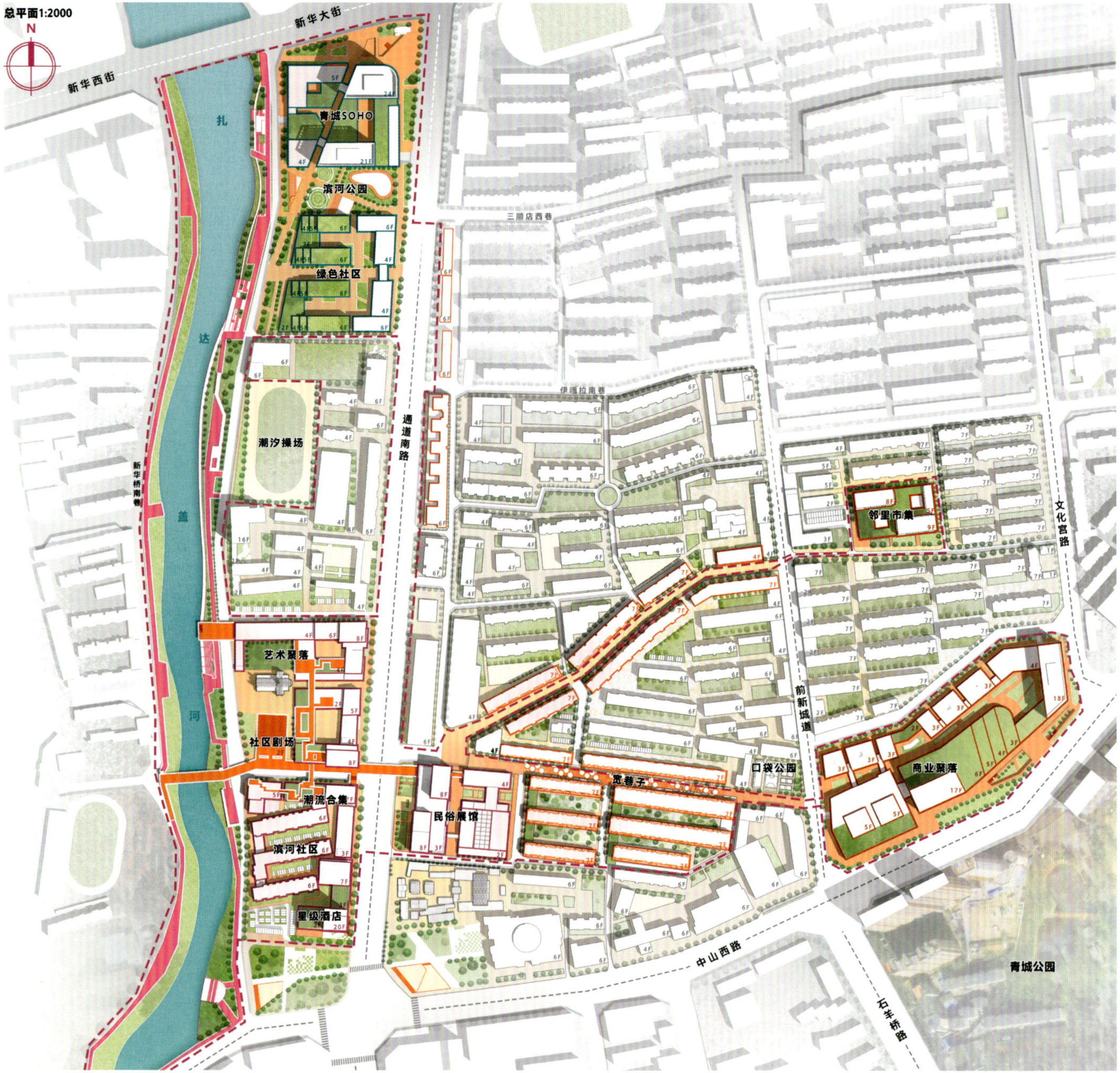

总平面1:2000

N

新华大街
新华西街
扎达盖河
青城SOHO
滨河公园
绿色社区
三顺店西巷
伊遐拉南巷
通道南路
潮汐操场
邻里市集
文化宫路
新华桥南巷
艺术聚落
社区剧场
前新城道
口袋公园
潮流合集
宽巷子
商业聚落
滨河社区
民俗展馆
星级酒店
中山西路
石羊桥路
青城公园

脉搏延续·市景新生 2

设计过程

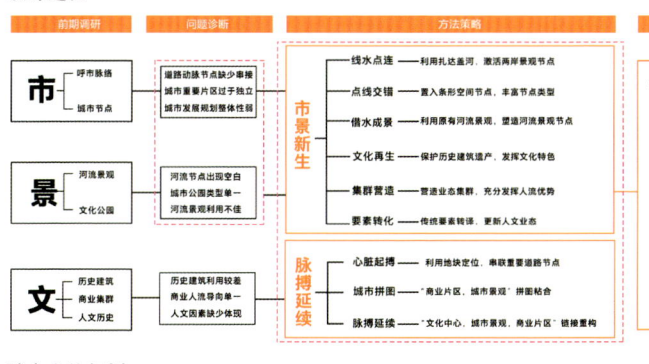

前期调研　问题诊断　方法策略　具体操作

市　呼市脉络　城市节点
- 道路动脉节点缺少串接
- 城市重要片区过于独立
- 城市发展规划整体性弱

景　河流景观　文化公园
- 河流节点出现空白
- 城市河景观利用不佳

文　历史建筑　商业业态　人文历史
- 历史建筑利用较差
- 商业人流导向单一
- 人文因素缺少体现

市景新生
- 线水点连　利用扎达盖河，激活两岸景观节点
- 点线交错　置入条形空间节点，丰富节点类型
- 借水成景　利用原有河流景观，塑造河流景观节点
- 文化再生　保护历史建筑遗产，发挥文化特色
- 集群营造　营造业态集群，充分发挥人流优势
- 要素转化　传统要素转译，更新人文业态

脉搏延续
- 心脏起搏　利用地块定位，串联重要道路节点
- 城市拼图　"商业片区，城市景观"拼图耦合
- 脉搏延续　"文化中心，城市景观，商业片区"链接重构

- 水城互融　利用河流景观，在河流沿岸置入多个平台节点，并利用生态技术，营造节点特色
- 共享未来
  - 沿路居住区　功能不得置换功能，将居住迁移，置入商业一体式
  - 沿河居民区　机理不合机理置重，根据地块置重建筑机理
  - 沿河居民区　建筑破碎整合利用为主，围绕天主教堂，营造公共场所
  - 商业酒店　场所缺失营造场所，将原有酒店置重为聚流中心，吸引年轻人群
- 脉搏延续
- 文井交织
  - 宽巷子文化街区　场景破乱重整立面，对接去场景进行置型，立面重整
  - 商场集群　体量不符形体改建，对形体进行部分保留，重塑场地体量
- 市巷民生　重塑废弃医院体量，营造公共建筑空间，结合居住开发

城市上位规划

城市发展指引

生态优先 绿色发展	统筹协调产业城乡关系
区域协同 城乡统筹	区域协调发展，进行区域功能整合，完善功能区划
因地制宜 营造特色	根据相关地区特色，发展特色产业区域

轨道交通规划图

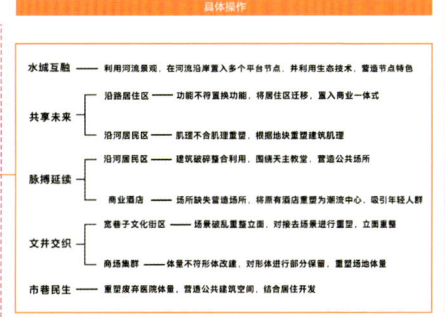

推进呼和浩特高质量发展

建设首府半小时都市圈：新城区到各旗县区的半小时交通圈。

融入京津冀"两小时经济圈"；新城区到京津冀核心城市两小时交通圈。

构建高效便捷交通系统

打造经济强、生态美、文化兴、品质优、人民富的新城区。

城市发展规划图

构建双核四轴的空间结构

双核：老城历史文化核心，东部科技创新核心。

四轴：新华大街发展轴，通道街发展轴，东部新区发展轴，北二环察哈尔大街发展轴。

生态景观规划图

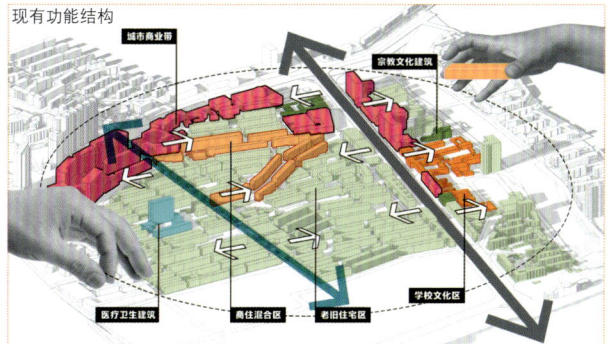

建设一屏，多园的生态景观规划

一屏：大青山生态屏障。

多园：以敕勒川国家草原公园、哈拉沁生态公园、扎达盖生态公园等多个公园构建重要生态节点。

目前，基地内南侧为城市商业带，中部为商住混合区（宽巷子美食街）和几个老旧住宅区，东侧有一个废弃的医院建筑应完好保存在地块内，西侧沿河有天主教堂和学校，但整体以住宅功能为主，业态比较单一，地区内活力略显不足。

现有功能结构

城市商业带　宗教文化建筑
医疗卫生建筑　商住混合区　老旧住宅区　学校文化区

人群行为分析

呼和浩特宽巷子民俗文化片区内以回族少数民族人口为主，在旅游季有大量游客涌入宽巷子美食街。由于部分道路节点存在基础设施不完善、空间品质不高等问题，各类人群对该类公共空间的使用局限在短暂停留、经过等行为。对于宗教类建筑，人们主要进行集体礼拜等宗教性活动；对于广场、公园这一类公共空间，则更多的为休闲交流、集体娱乐等活动；对于目的性较强的学校、医院等建筑，人们的行为固定为上下学、问诊就医等行为。在不同时间段内，不同人群对不同公共空间的使用产生了多样性变化，这对接下来的城市更新设计有很强的指导意义。

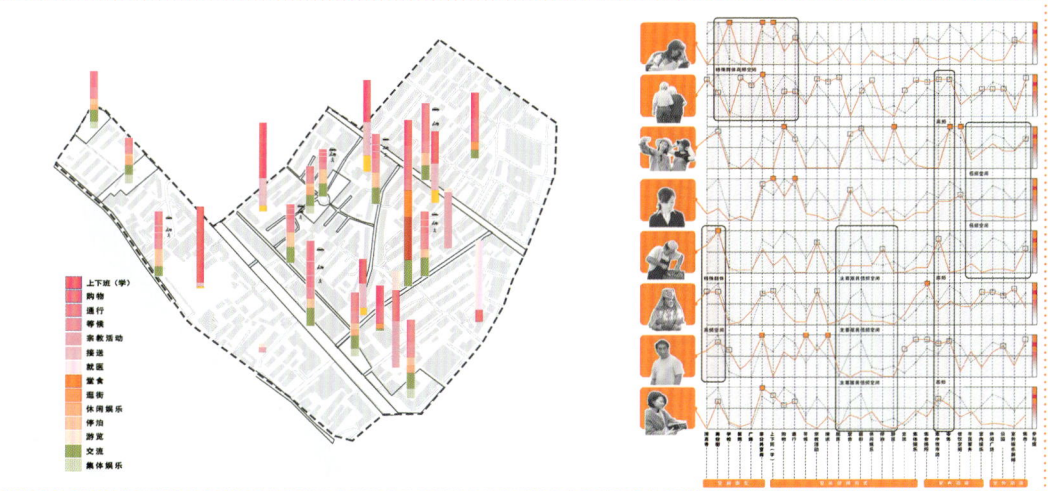

上下班（学）
购物
通行
宗教活动
接送
就医
餐饮
逛街
休闲娱乐
停留
游览
交流
集体娱乐

交通要素分析

道路现状

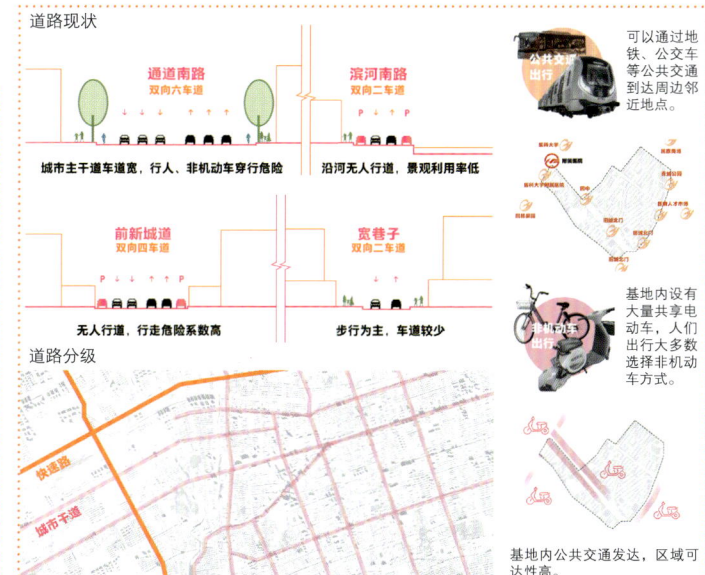

通道南路 双向六车道
城市主干道车道宽，行人、非机动车穿行危险

滨河南路 双向二车道
沿河无人行道，景观利用率低

前新城道 双向四车道
无人行道，行走危险系数高

宽巷子 双向二车道
步行为主，车道较少

道路分级

快速路
城市干道

公共交通出行
可以通过地铁、公交车等公共交通到达周边邻近地点。

共享电动车出行
基地内设有大量共享电动车，人们出行大多数选择非机动车方式。

基地内公共交通发达，区域可达性高。

脉搏延续·市景新生 3

城市节点

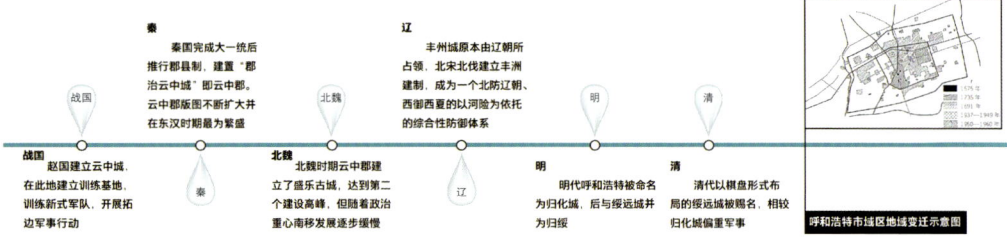

市民记忆

城市环境

业态分布

青城——呼和浩特

文化建筑分析

归化城与绥远城在历史的长河中由军事要塞逐步发展为现代化的新兴城市，人与物随历史长河滚滚向前，但不变的是历史赋予这座城市厚重的人文文化。在这里市民共同的记忆，城市变迁的环境，屹立百年的古老建筑无不见证这里的繁荣与发展。

历史沿革

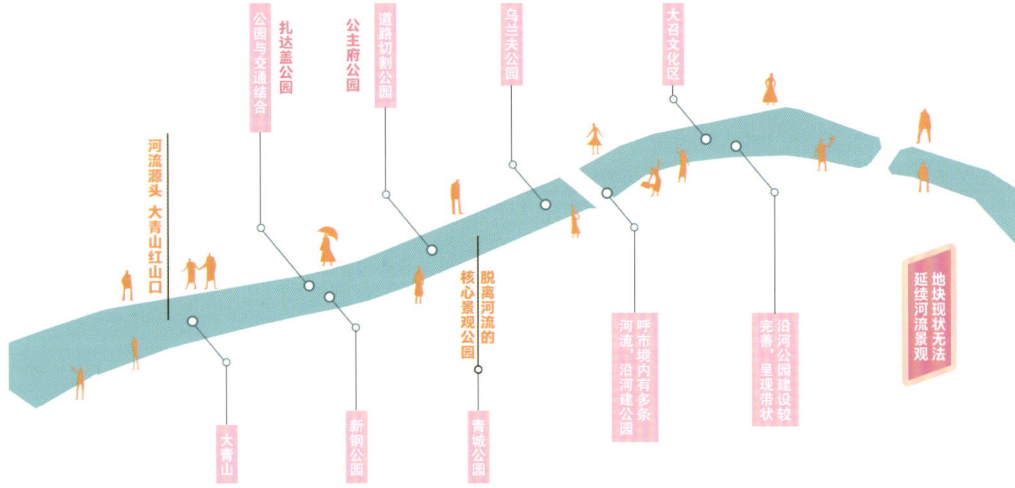

秦
秦国完成大一统后推行郡县制，建置"郡治云中城"即云中郡。云中郡版图不断扩大并在东汉时期最为繁盛

辽
丰州城原本由辽朝所占领，北宋北伐建立丰州建制，成为一个北防辽朝、西御西夏的以河险为依托的综合性防御体系

战国   北魏   明   清

战国
赵国建立云中城，在此地建立训练基地，训练新式军队，开展拓边军事行动

北魏
北魏时期云中郡建立了盛乐古城，达到第二个建设高峰，但随着政治重心南移发展逐步缓慢

明
明代呼和浩特被命名为归化城，后与绥远城井为归绥

清
清代以棋盘形式布局的绥远城被赐名，相较归化城偏重军事

呼和浩特市域区地域变迁示意图

扎达盖河分析

河流源头 大青山红山口

大青山

新城公园

脱离河流的核心景观公园

青城公园

公园与交通结合

扎达盖公园

公主府公园

道路切割公园

乌兰夫公园

大召文化区

呼市境内有多条河流，沿河建公园

沿河公园建设较完善，呈现带状

地块现状无法延续河流景观

扎达盖河作为呼和浩特的主要河流，串联起呼和浩特城市中众多的景观节点和文化节点。如今扎达盖河是一条泄洪河道，随着其河水水质的改善、芦苇等野草的茂盛生长，这条河已经成为鸟类在呼和浩特市的一处重要栖息地。

模型照片

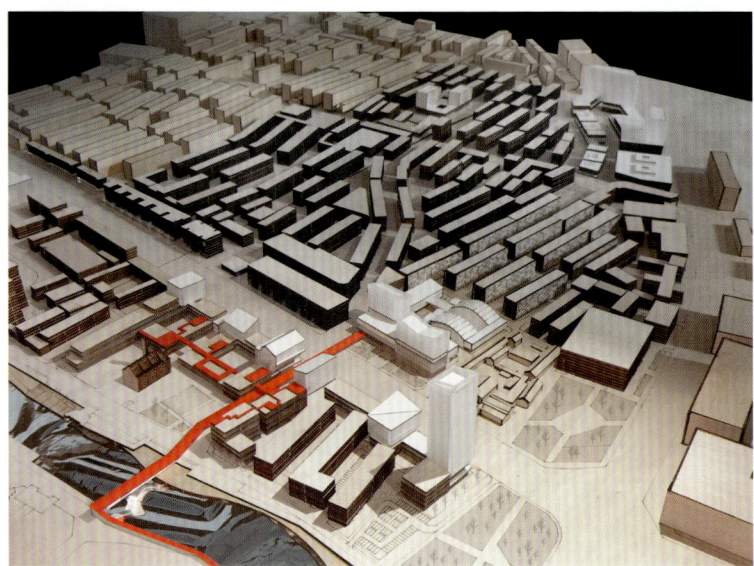

轴线策略

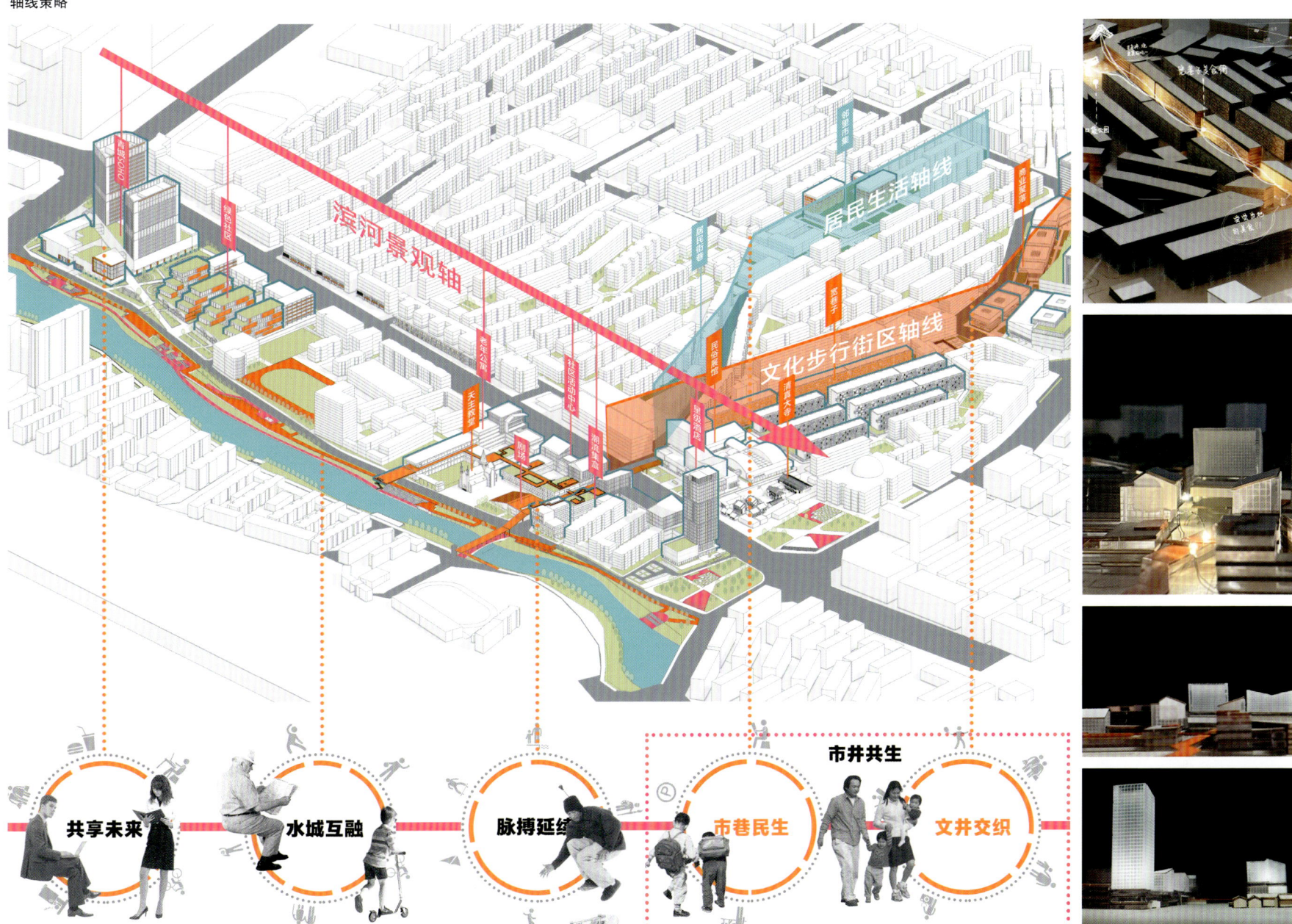

滨河景观轴

居民生活轴线

文化步行街区轴线

市井共生

共享未来　　　水城互融　　　脉搏延续　　　市巷民生　　　文井交织

脉搏延续·市景新生 5

脉搏延续——呼市起搏

扎达盖河流经场地西侧，如同呼市发展的静脉，场地南侧大召寺–中山西路沿岸为重要的城市文旅商业主干道，如同呼市发展的动脉。

基地老城区位于静脉与动脉相交处，将两条主脉相连，既有交通便利区位核心的优势，也有城区老旧活力不足的问题。我们意图将城市发展的两条脉搏延续，把场地作为城市拼图嵌入呼市城区，链接周边重要片区节点，起搏呼市脉搏，激发场地活力。

商业中心

城市景观

老城文化中心

打通闭塞的扎达盖河沿岸，渗透城市景观，加强市民与河流的联系，激活青城街巷。

市景新生
街巷激活

拆改策略

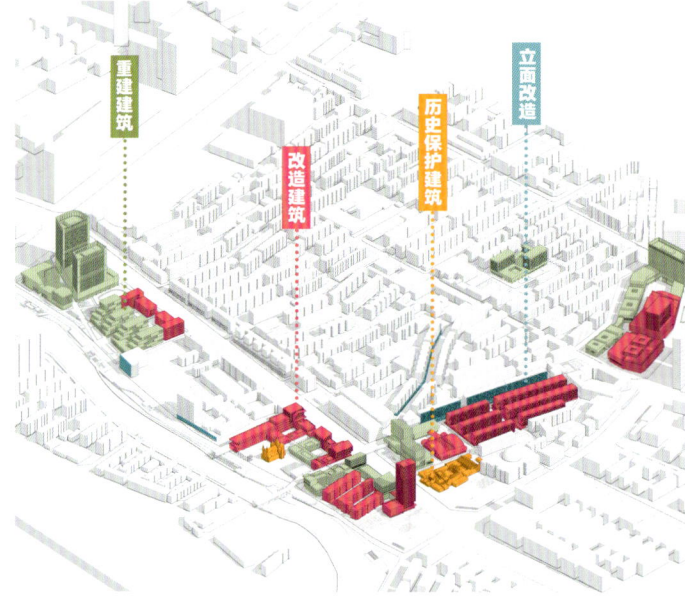

重建建筑　改造建筑　历史保护建筑　立面改造

结构策略

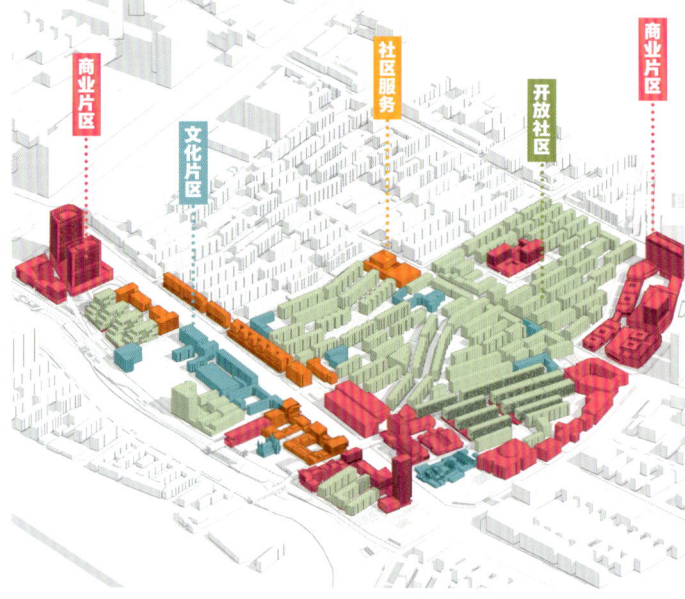

商业片区　文化片区　社区服务　开放社区　商业片区

交通策略

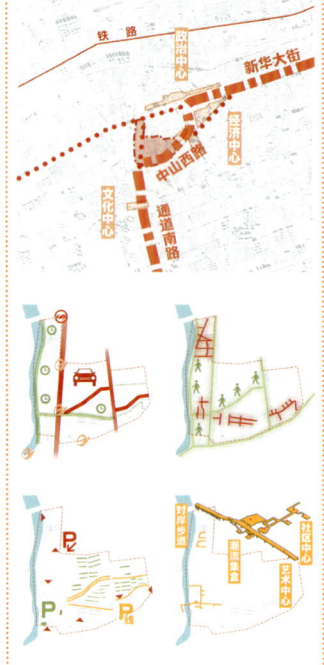

景观策略

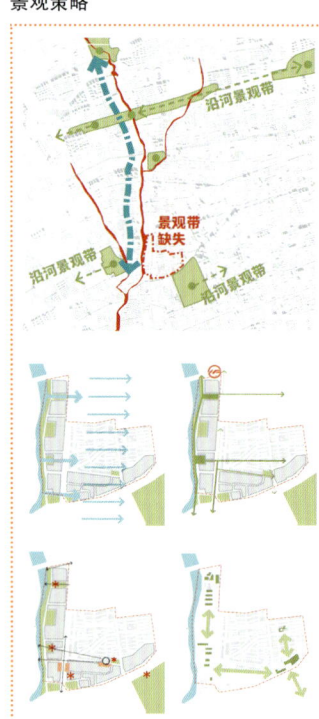

文旅策略

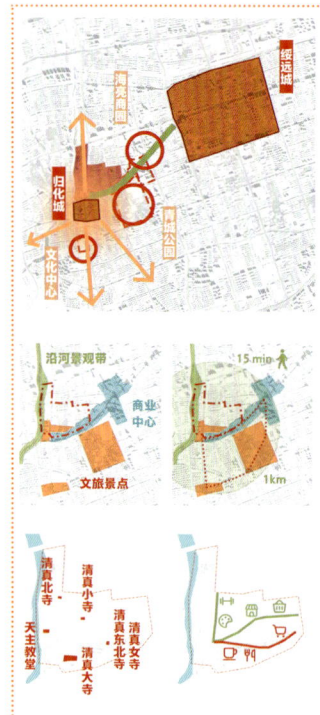

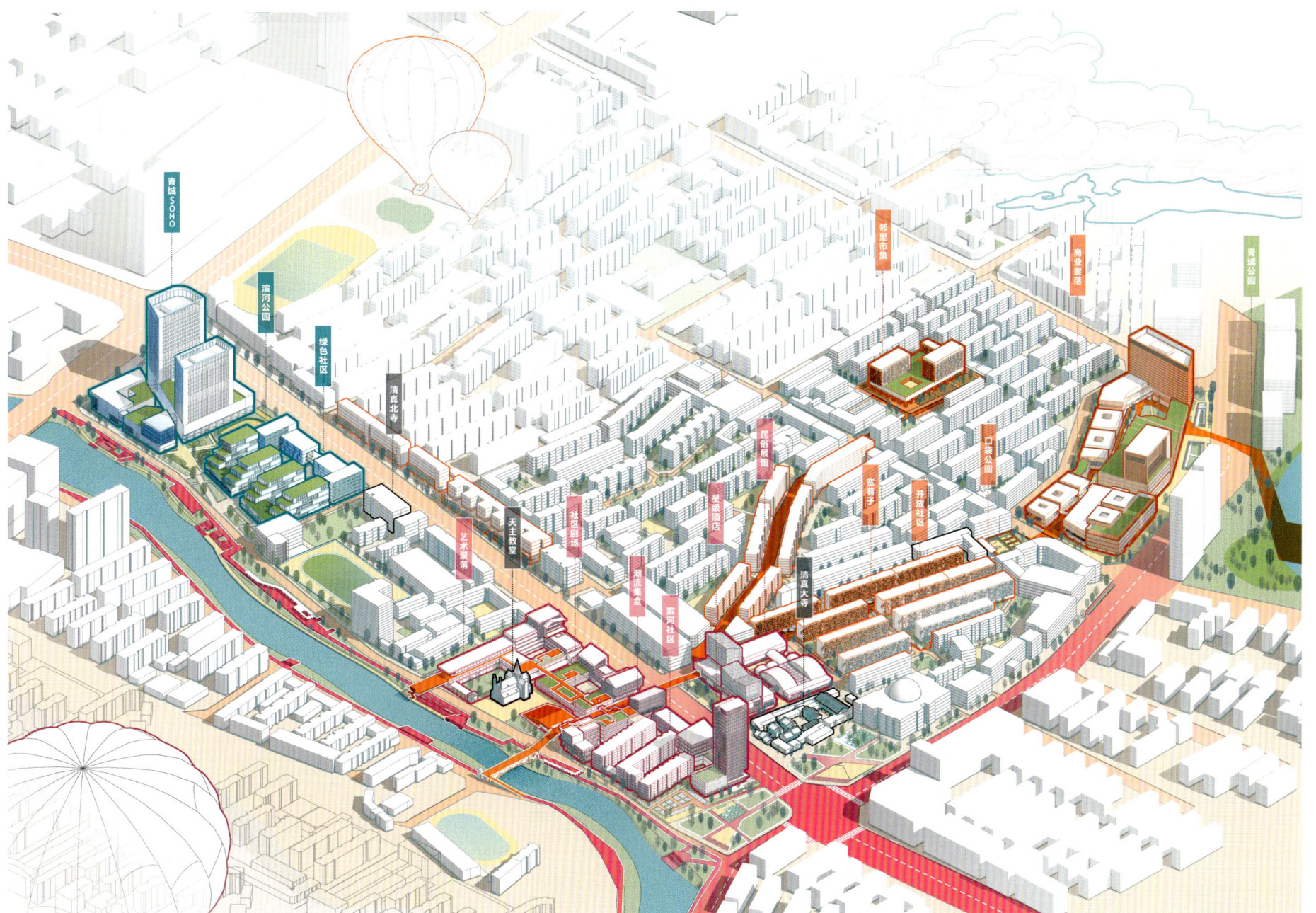

青城SOHO

滨河公园

绿色社区

清真北寺

艺术聚落

天主教堂

社区剧场

潮流集盒

滨河社区

星级酒店

民俗展馆

清真大寺

宏巷子

开放社区

邻里市集

口袋公园

商业聚落

青城公园

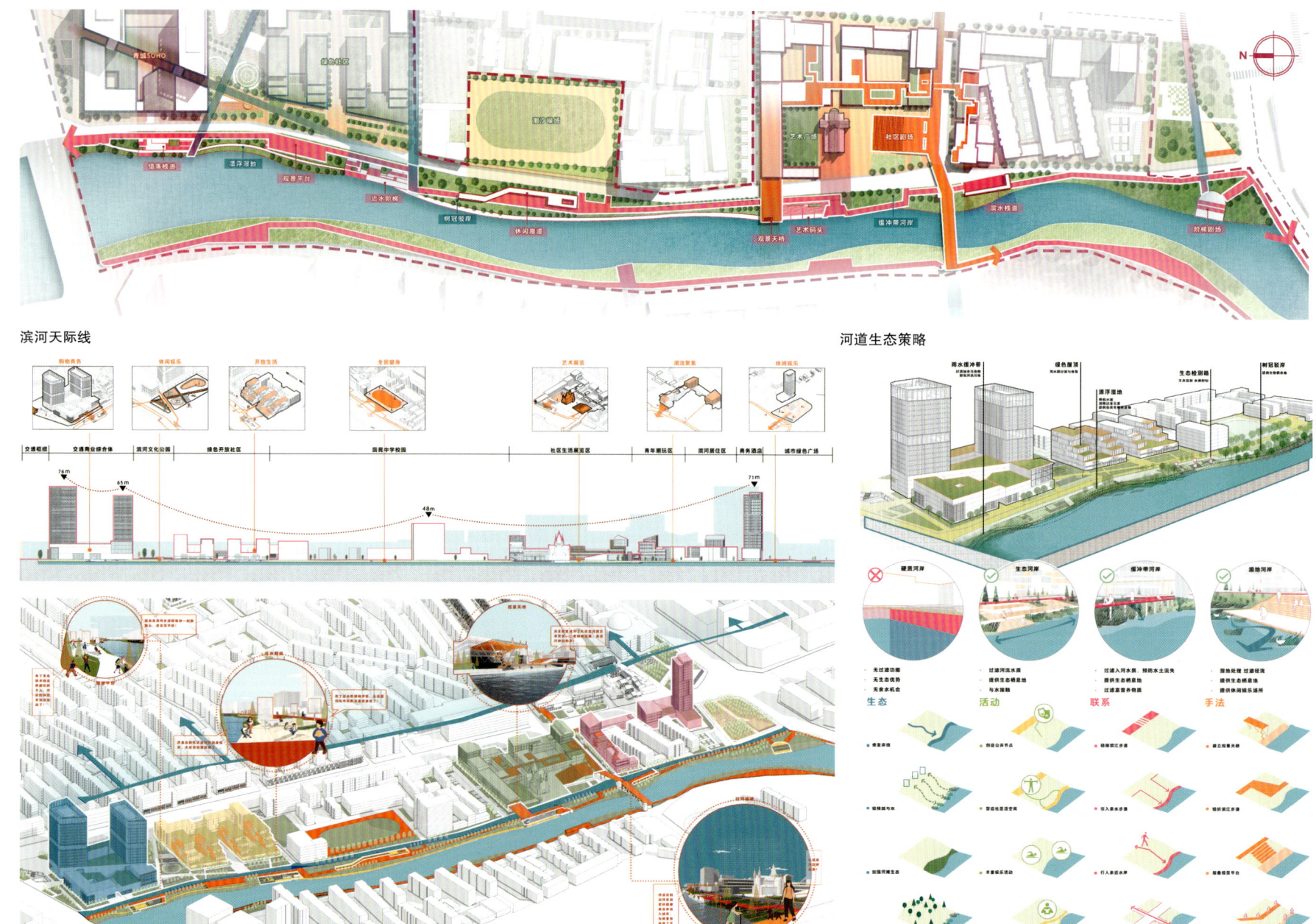

滨河天际线

河道生态策略

脉搏延续·市景新生 8

一层平面图

通透性分析

周边呼应

功能置入

流线引导

街道剖面

肌理生成

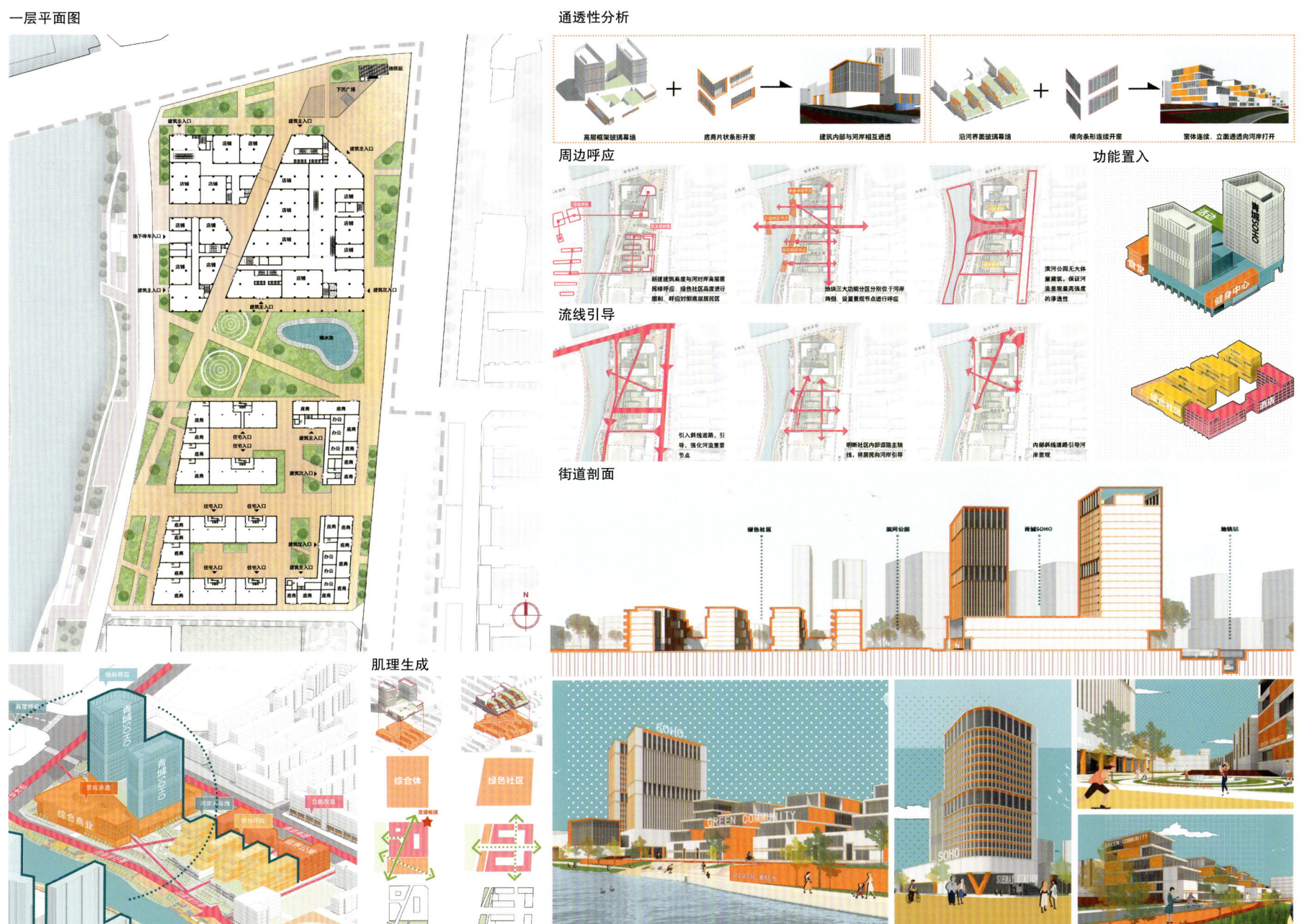

山东建筑大学一组

脉搏延续·市景新生 9

一层平面图

改造策略

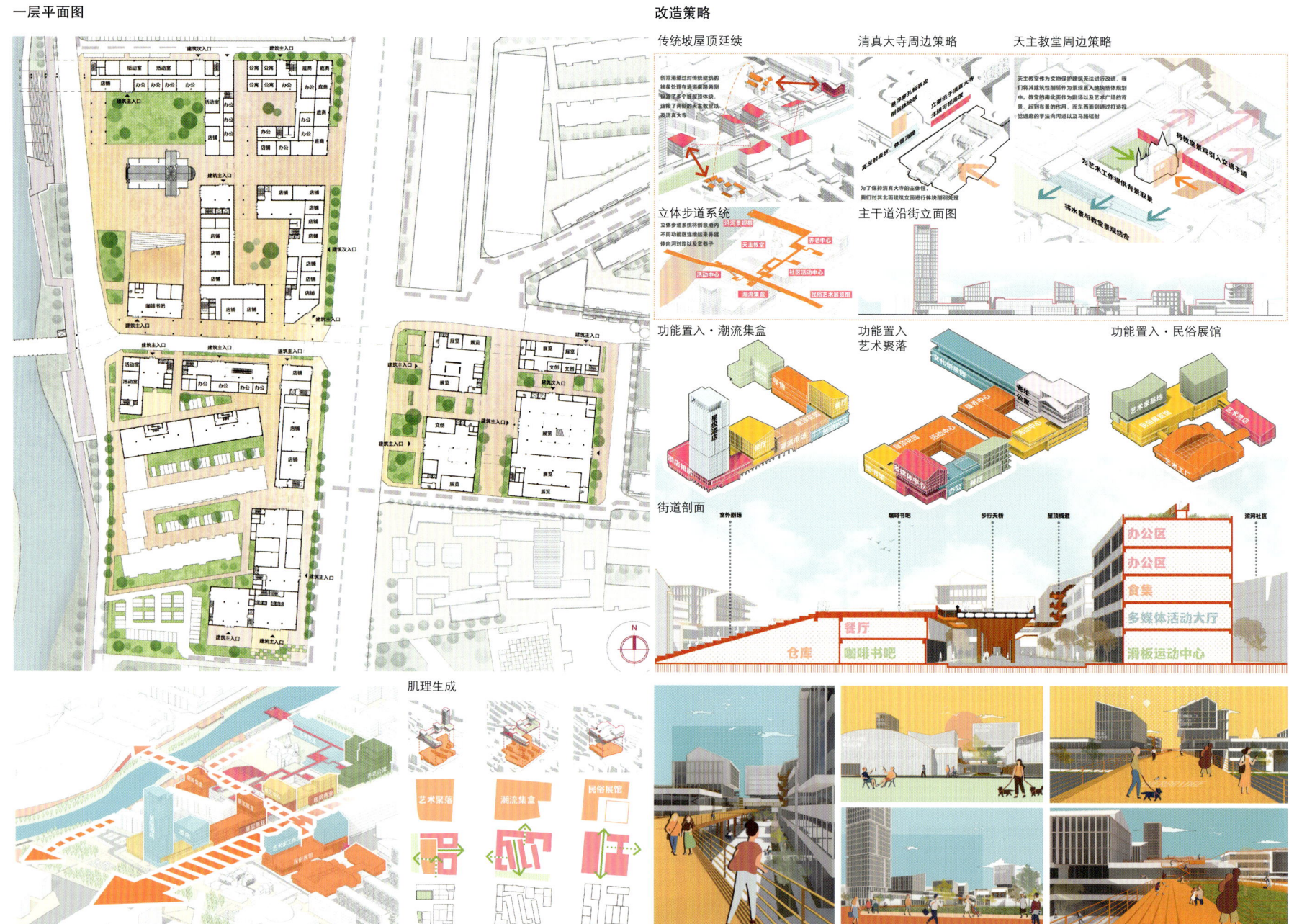

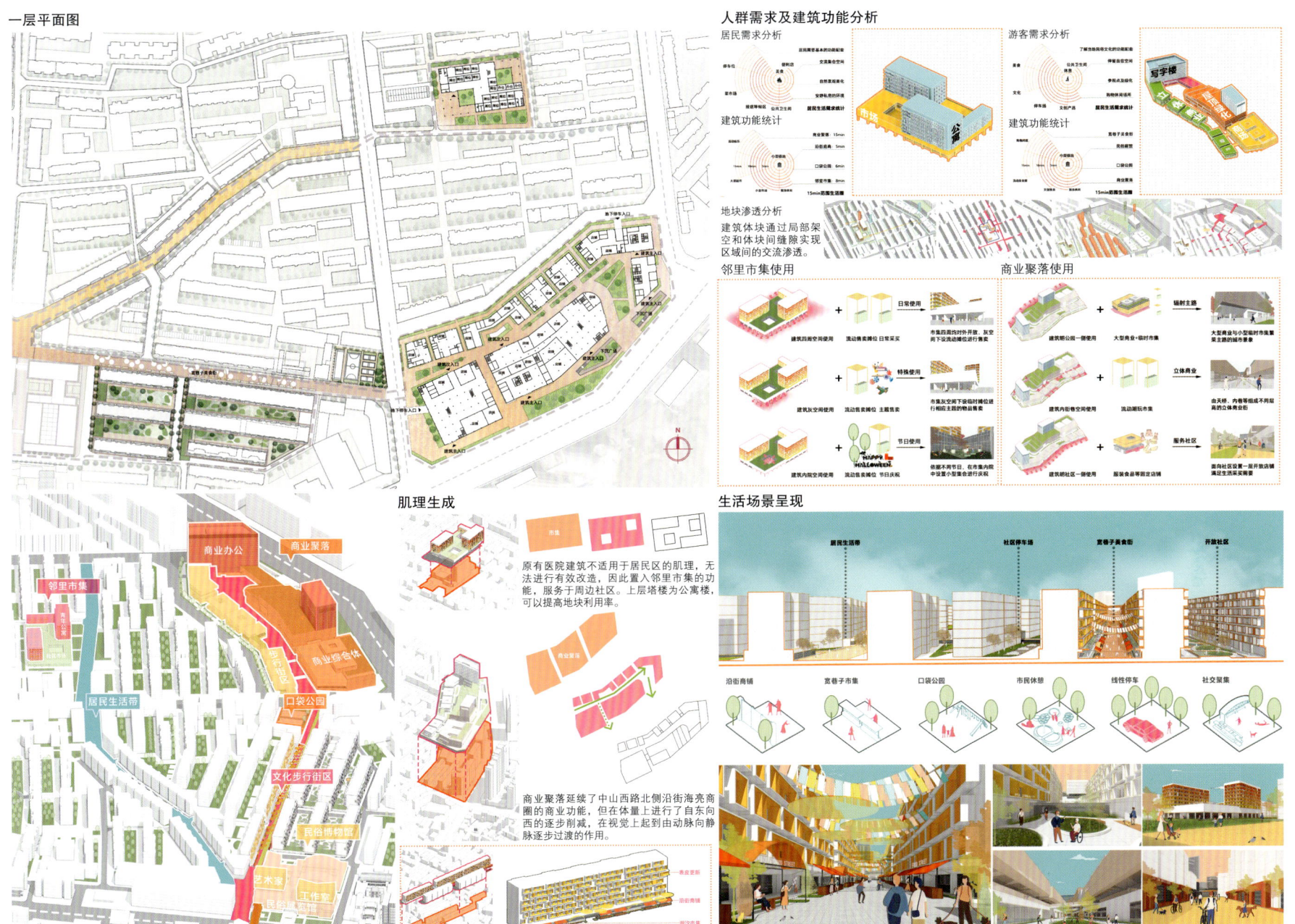

一层平面图

人群需求及建筑功能分析

居民需求分析

游客需求分析

建筑功能统计

建筑功能统计

15min 活居生活圈

15min 活居生活圈

地块渗透分析

建筑体块通过局部架空和体块间缝隙实现区域间的交流渗透。

邻里市集使用

商业聚落使用

肌理生成

原有医院建筑不适用于居民区的肌理，无法进行有效改造，因此置入邻里市集的功能，服务于周边社区。上层塔楼为公寓楼，可以提高地块利用率。

商业聚落延续了中山西路北侧沿街海亮商圈的商业功能，但在体量上进行了自东向西的逐步削减，在视觉上起到由动脉向静脉逐步过渡的作用。

生活场景呈现

蔬菜生活带　社区停车场　宽巷子美食街　开放社区

沿街商铺　宽巷子市集　口袋公园　市民休憩　线性停车　社交聚集

商业办公　商业聚落

邻里市集

商业综合体

口袋公园

居民生活带

文化步行街区

民俗博物馆

工作室

脉搏延续·市景新生 11

小组成员

从左到右：赵玥、陈嘉贝、李凡、李啸跃

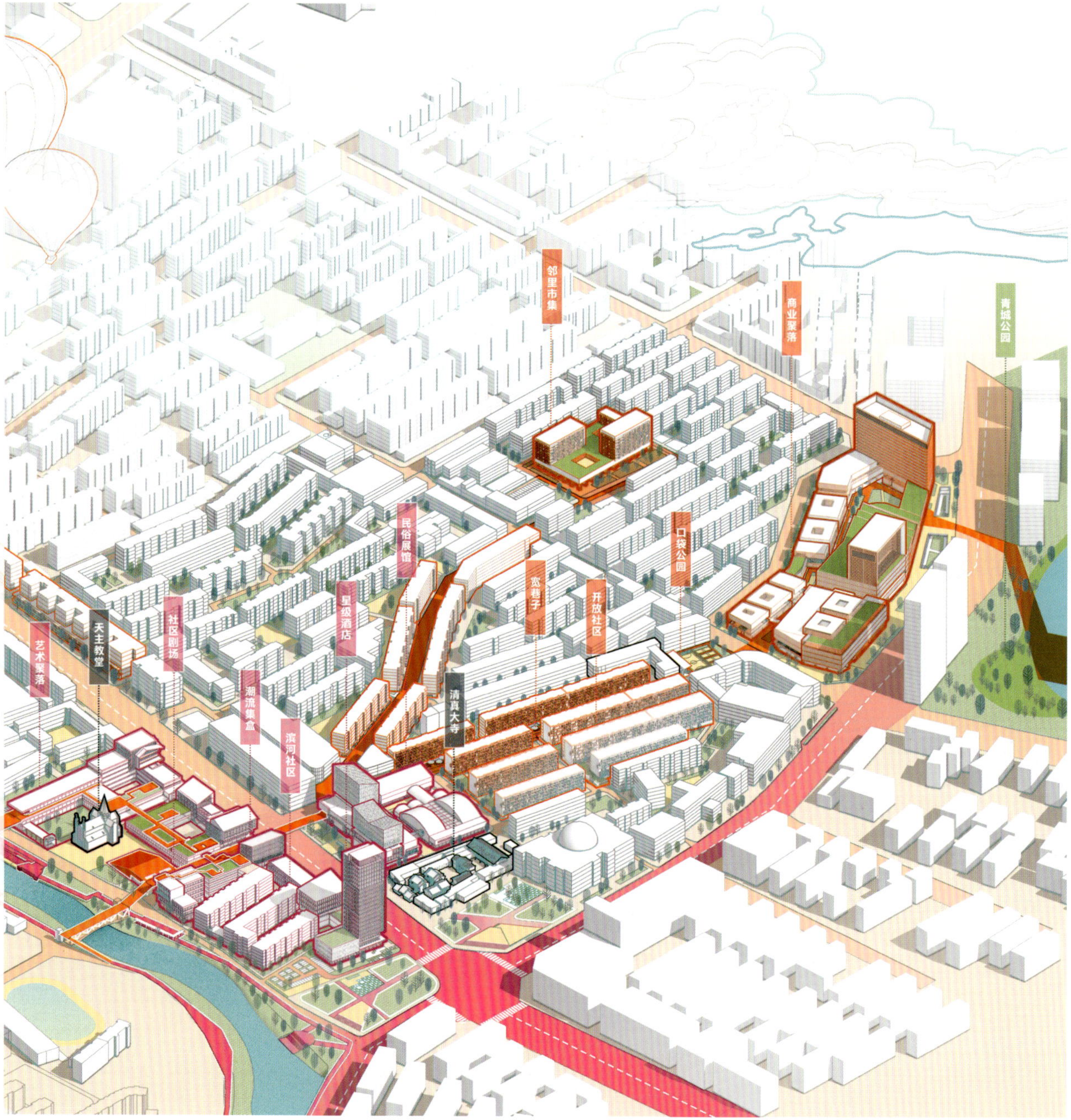

设计总结

本学期的课程是我们首次学习并进行城市设计，而且有幸参加了北方四校联合城市设计，与其他学校一起推进设计方案。城市设计与我们之前所学的建筑设计不同的是，需要对更大的尺度——城市尺度进行更宏观的考虑与把控。更宏观的视角给我们带来了更加繁杂的前期调研工作。课题之初我们前往呼和浩特进行本次课设的实地调研。同时，内蒙古工业大学的老师和同学们先前整理出的资料为我们的调研提供了极大的便利。

在最初确定主题思路的时候，我们还无法从"简单拆改以应对上位规划"的设计策略中走出，呈现出畏手畏脚且效果并不明显的设计状态。在专业课中，老师不断带领我们拓宽思路，发掘呼市这个城市的特色来使我们的设计更具有独特性。在一系列的探索与思考下，我们引入了"脉搏延续"这一概念，将基地片区视作呼市的"心脏"，一动一静两条脉搏交织其中，而后又衍生出"市景新生"这一策略，将场地的特色——扎达盖河与青城公园引入我们的城市设计当中。这样新颖的想法使我们动力十足，将更多设计想法投入到城市设计中。

经过两个月的努力，我们最终递交出一份自己尚满意的答卷，虽然也有不足的地方，但在这次北方四校联合城市设计中，我们学到的不仅有城市设计的专业知识，更有与各校师生交流得来的宝贵经验，这是我们一次珍贵的体验。

最后，我们感谢各位专家、老师的悉心指导及帮助。

内蒙古·呼和浩特

"环"城计划
——织补理论驱动下的宽巷子文化片区城市设计

山东建筑大学二组

宿建廷　宋佳丽　王　涵　刘晓敏

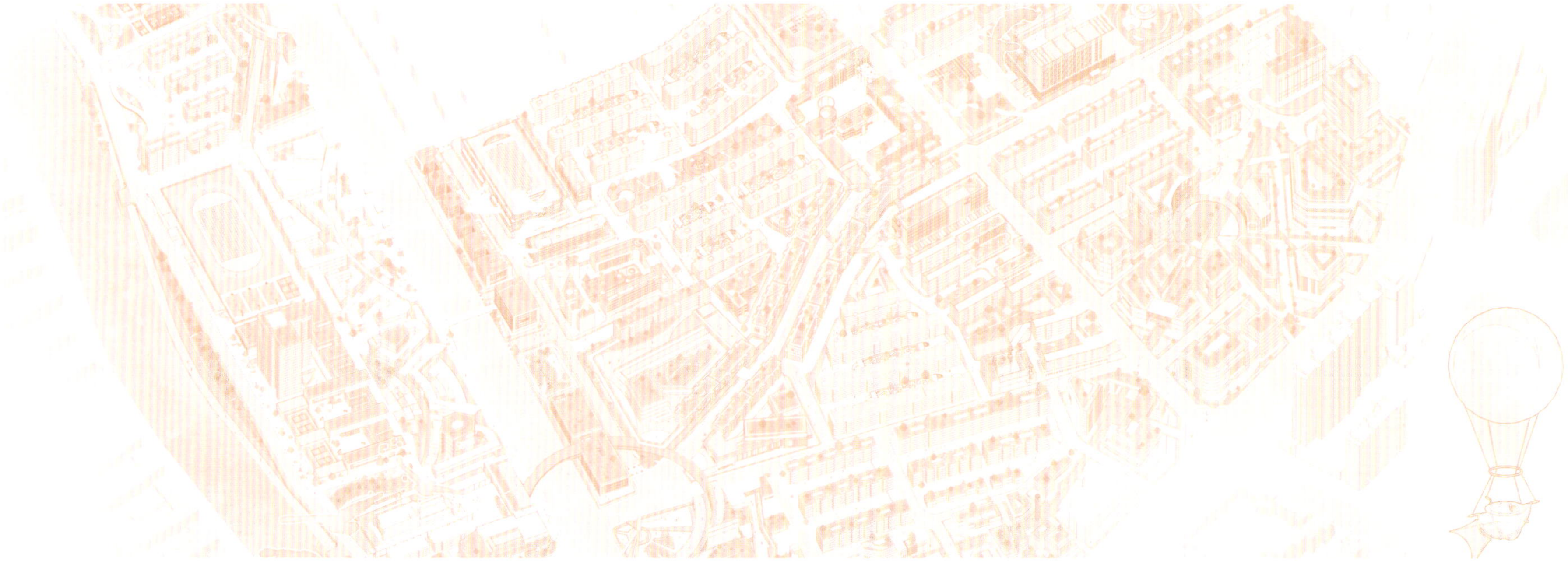

"环"城计划——织补理论驱动下的宽巷子文化片区城市设计 1

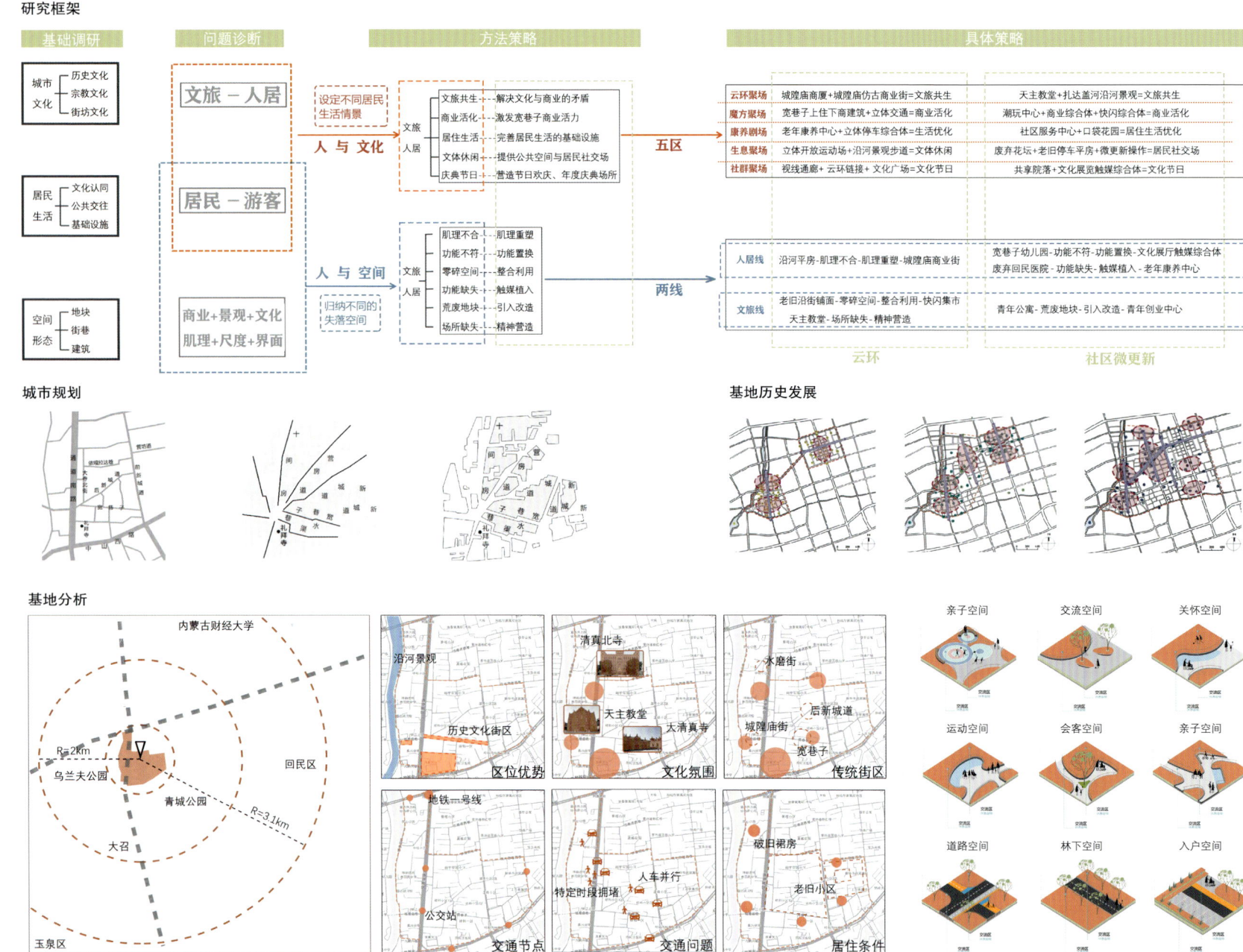

居民游客行为

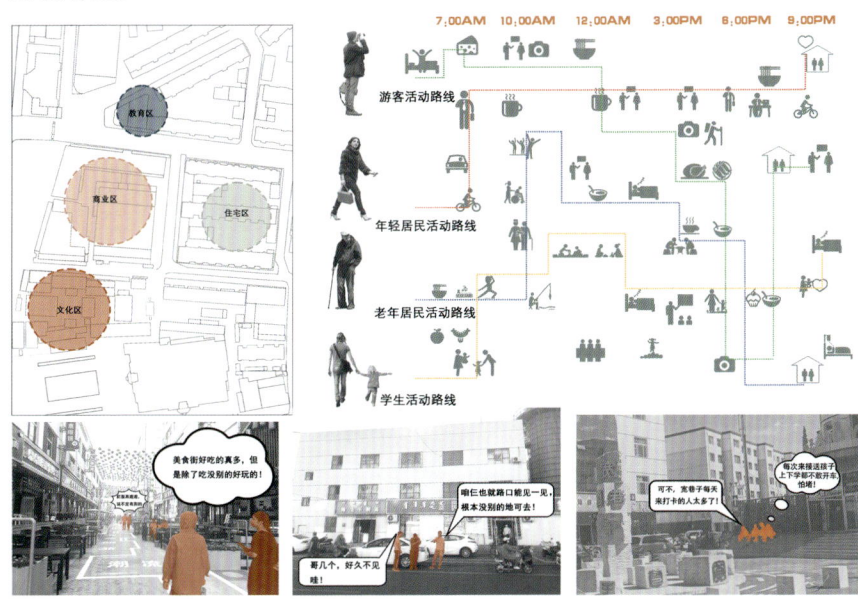

游客活动路线
年轻居民活动路线
老年居民活动路线
学生活动路线

7:00AM 10:00AM 12:00AM 3:00PM 8:00PM 9:00PM

民族结构

蒙古族　回族　满族

回民区汉族与少数民族的常住人口比例大概在6:1左右。少数民族中，蒙古族占48.1%，回族占42.3%，满族占8%。

宗教文化

喇嘛教　伊斯兰教　天主教

呼和浩特是蒙古、汉、回、满、鄂温克等41个民族聚居的城市。有7种宗教：藏传佛教、汉传佛教、道教、伊斯兰教、天主教、基督教和东正教。

呼和浩特市水系较发达，均为外陆河水系，即黄河水系。扎达盖河全长约15公里由东北向西南经呼和浩特市回民区和玉泉区注入小黑河。

地理　区位

呼和浩特市位于内蒙古自治区中部，地处大青山南侧。呼和浩特市属中温带大陆性季风气候，四季气候变化明显，年温差大，日温差也大。

人口　产业

呼和浩特性别结构相对合理，常住人口增长呈现微弱的势头，发展势头不明朗。地区经济稳步发展。第三产业是经济发展的重要引擎。

不同宗教信仰的人们在呼和浩特和平共处，互相尊重。佛寺、清真寺、教堂等宗教场所鳞次栉比，不同宗教的节日也得到了广泛的尊重和庆祝，成为城市生活的一部分。

民族　宗教

城市　格局

人流潮汐

青少年3-18 Children
白领 20-55 Workers
老年人55~ the Olders
游客 10-60 Passersby
管理者 20~ Managers
居民 Residents

人流潮汐明显 缺少接送等候专门区域 具有短时高峰

公共空间

宽巷子片区应打通

沿街节点急待激活

老人和孩子只能在街道边缘的喧闹下运行清洁的活动，无专门活动空间

公共空间陈旧 儿童空间不足 文娱空间缺失 公共环境拥挤

沿巷沿街缺设商品，邻干相应商业空间的缺失

空间形态

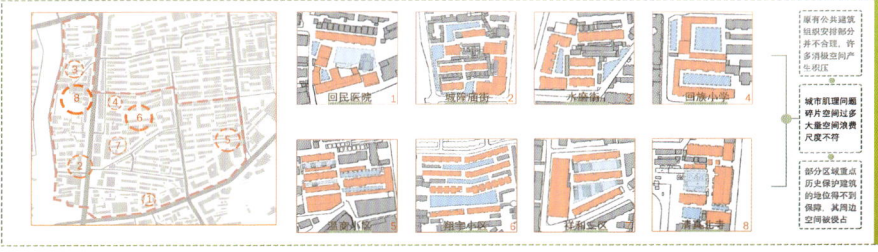

回民医院　城隍庙街　水磨街　回族小学

原有公共建筑组织变得部分并不合理，许多消极空间闲产生。

城市肌理面貌，呀片空间过多，大量空间消极，尺度不符。

部分区域重点历史保护建筑的空间得不到良好偶顾，具周边空间被破坏

原有建筑肌理

留改拆

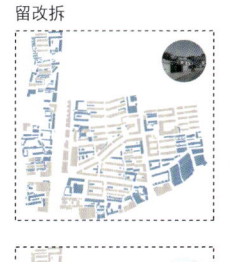

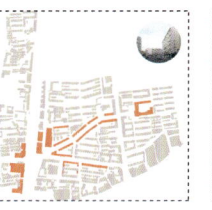

"环"城计划——织补理论驱动下的宽巷子文化片区城市设计 3

云环策略—蜷伸

一环为转换，位处巷节点，联通文旅、人居两大线，贯穿商业、文化、生活三重点。

历史与人文—历史建筑与文化长廊。

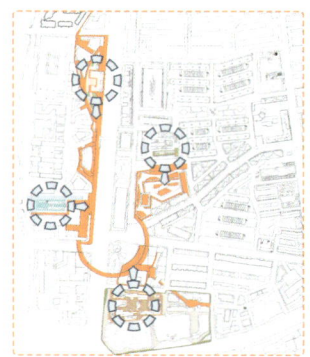

云环塑造四大历史建筑景观廊道，有效链接历史文化节点，提高交通可达性，便于人员使用。

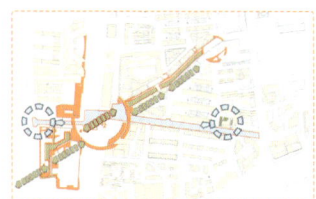

总平面图

N

文旅线

滨水景观廊

视线引导

人车分流

商业景观环

空间层次

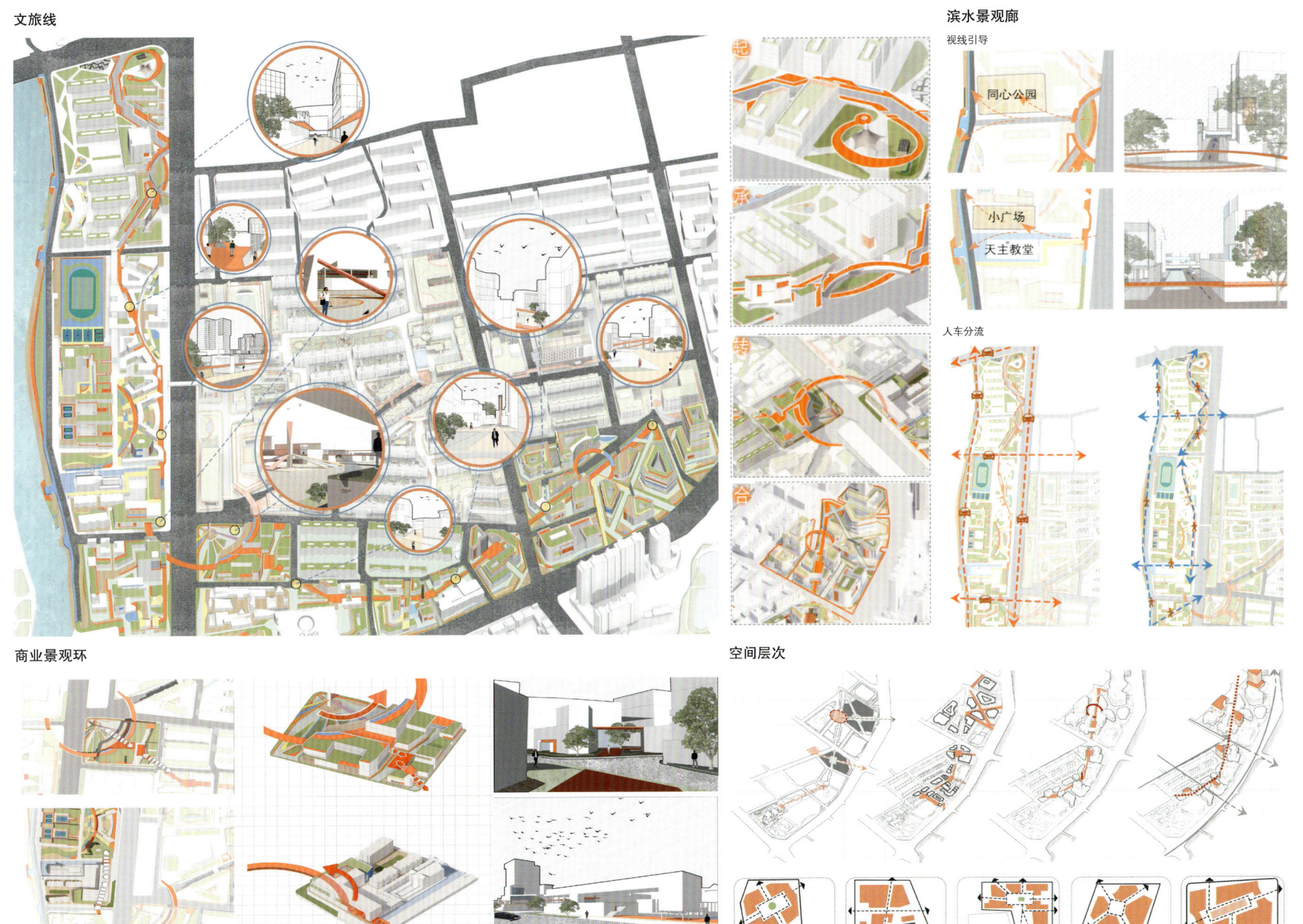

人居云环——织补实践

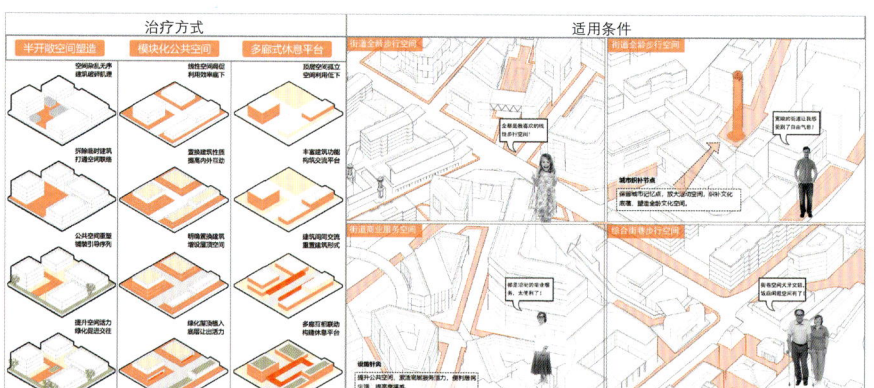

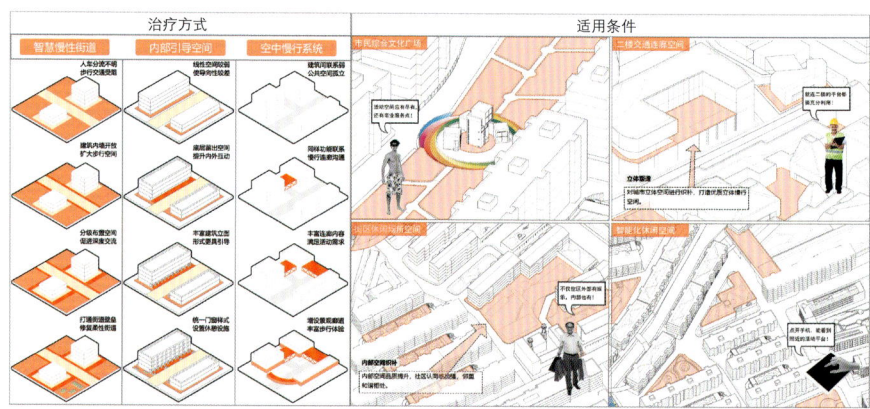

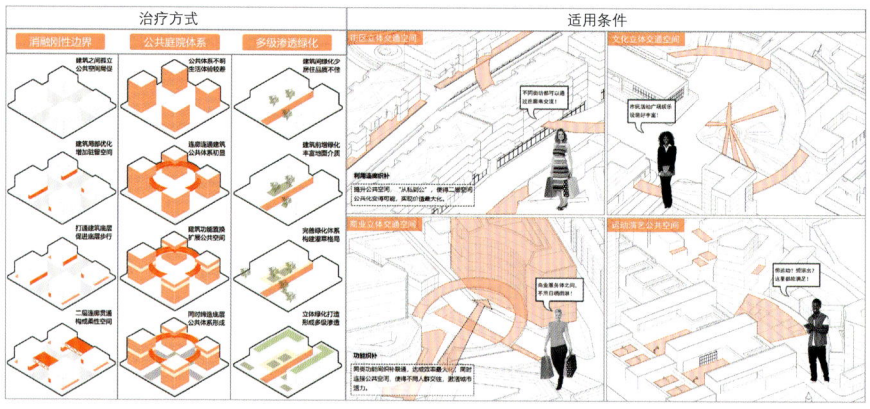

"环"城计划——织补理论驱动下的宽巷子文化片区城市设计 6

功能节点

节点索引

1.青年创业基地　2.回民中学　3.回民医院　4.康养综合体
5.活力社区角　6.活力餐饮角　7.活力博览角　8.商业综合体
9.艾博伊和宫商圈　10.城隍庙商复

操作依据

肌理不合	肌理重塑
功能不符	功能置换
景观失落	景观强调
零碎空间	整合利用

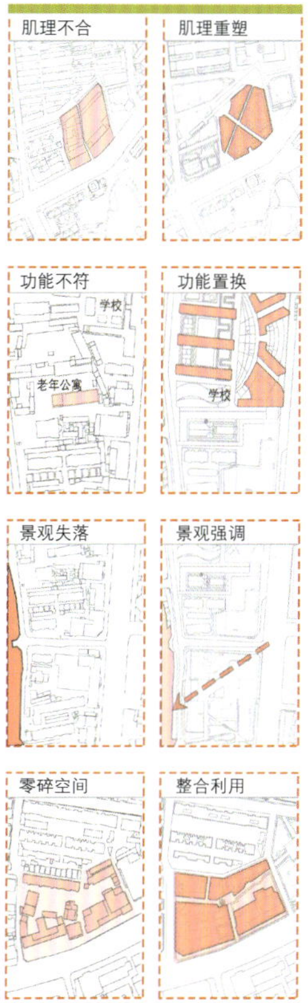

功能实践

社群聚场
宜居理念

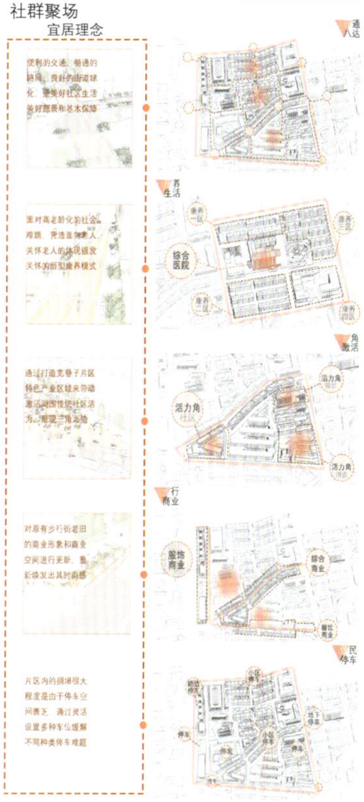

新建商业综合体

生息聚场
回民中学改造

学生人数	2000余人
占地面积	53646平方米
改造前	建筑面积	16250平方米
	操场规格	300米全塑胶操场
	建筑数量	2座教学楼、1座多功能科学楼
	问题总结	1.上下学时段堵车 2.运动场地不足 3.假期学校空闲 4.教学楼老旧
改造后	占地面积	157500平方米
	建筑面积	31787平方米
	操场规格	400米全塑胶立体操场
	建筑数量	3座教学楼、1座多功能科学楼、1座图书馆、1个风雨操场
	改造重点	1.预留接送等待区 2.增加运动场地 3.假期对外开放 4.更新学校建筑

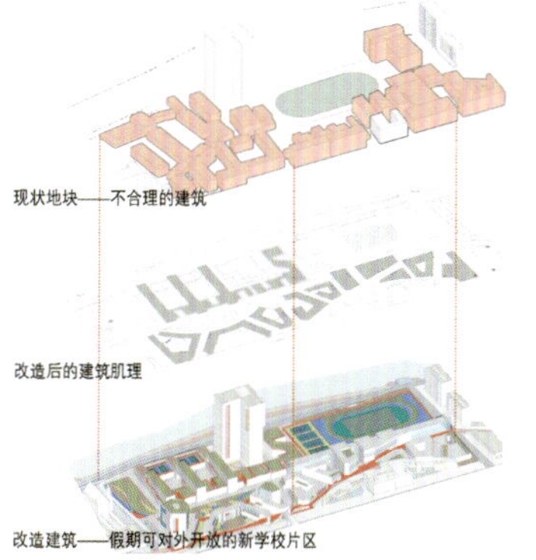

现状地块——不合理的建筑

改造后的建筑肌理

改造建筑——假期可对外开放的新学校片区

新建青年创业基地

原建筑

新建筑

康养聚场
回民医院搬迁

养老院搬迁

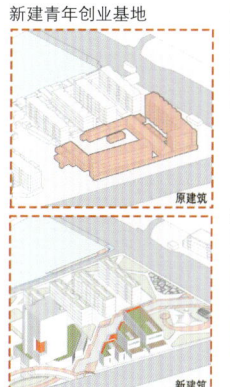

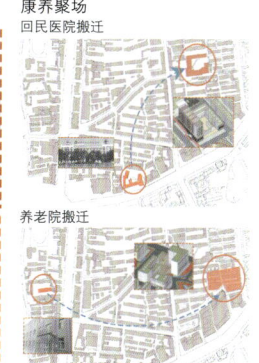

"环"城计划——织补理论驱动下的宽巷子文化片区城市设计 7

城市织补

点穴

活络

交通—慢行／系统／立体／地下

立体交通与地面慢行步道结合，形成小尺度邻里流线，与城市次干道交汇

立体街区城市慢行体系，形成宽巷子街区城市慢行体系，形成宽巷

城市主干道　城市次干道　城市支路

地下停车入口

生活圈—10/15 分钟

开放空间设计

沿街天际线

沿河天际线

“环”城计划——织补理论驱动下的宽巷子文化片区城市设计 8

生态—荫下空间

绿点植入

绿轴打造

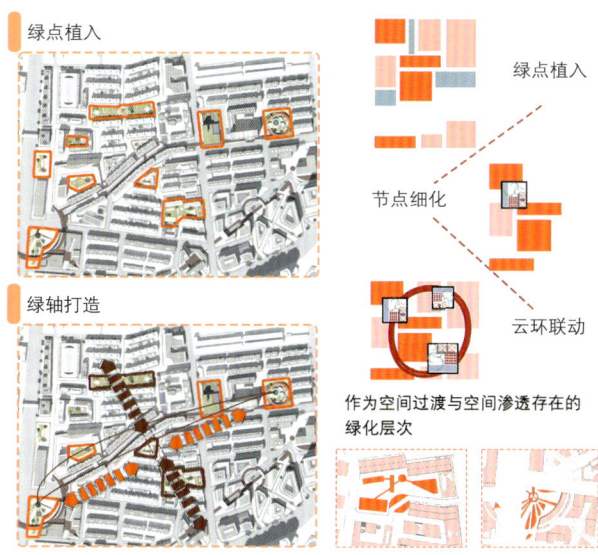

绿点植入
节点细化
云环联动

作为空间过渡与空间渗透存在的绿化层次

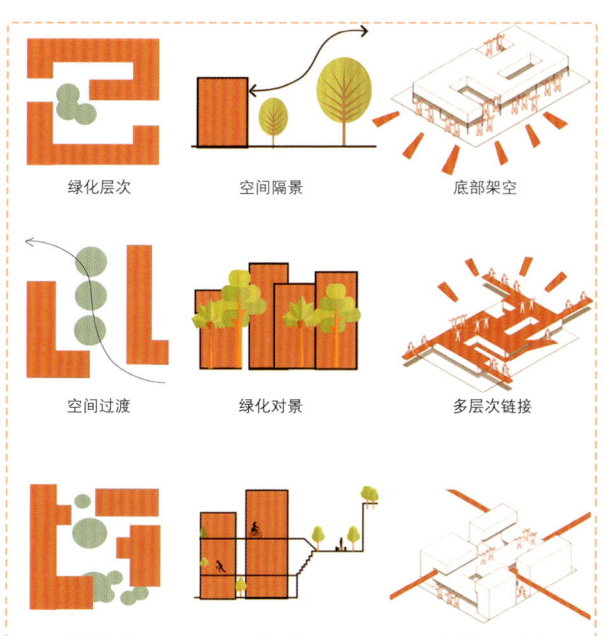

绿化层次
空间隔景
底部架空
空间过渡
绿化对景
多层次链接
空间渗透
立体链接
多功能云环步廊

总平面图

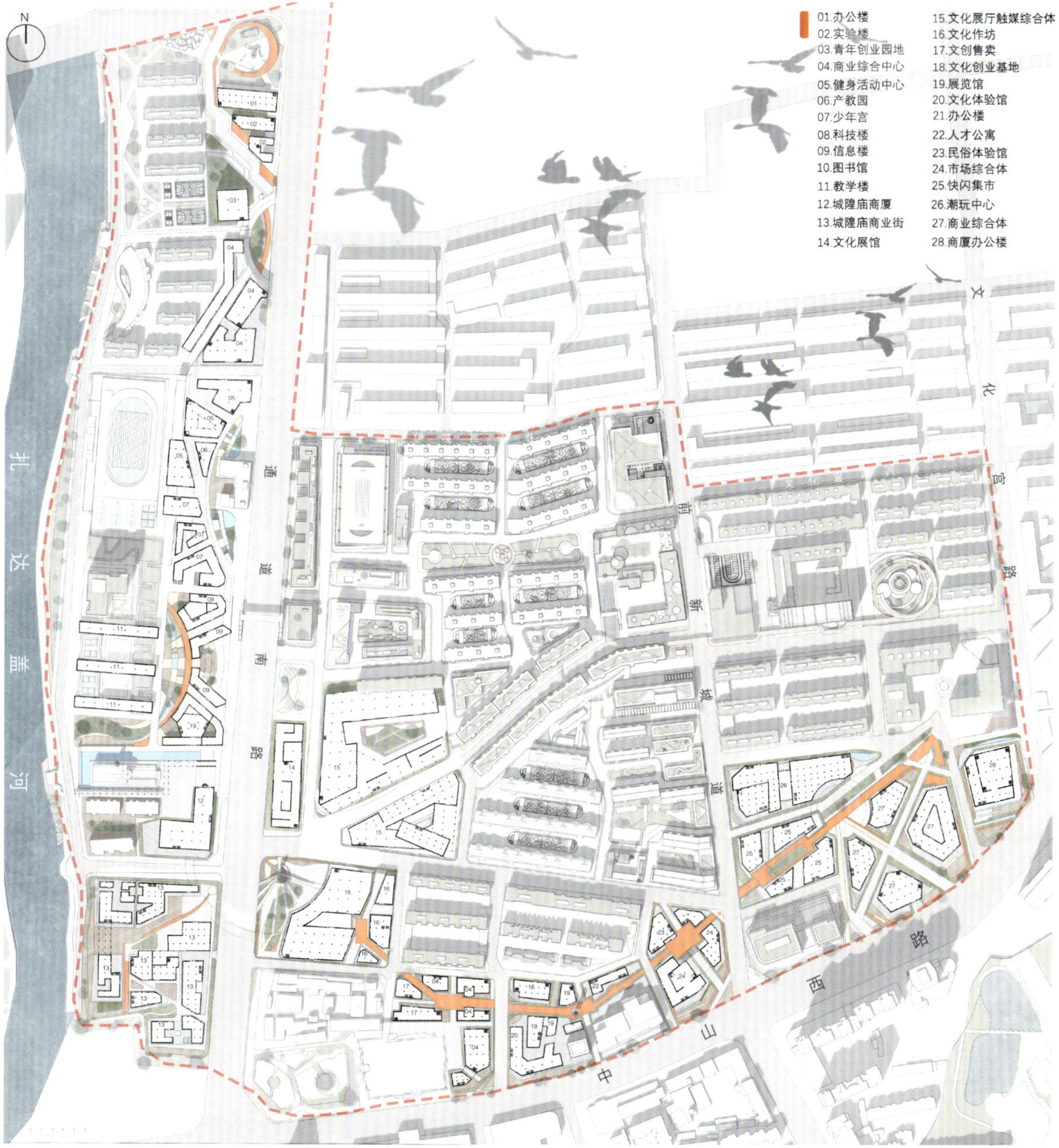

N
01.办公楼
02.实验楼
03.青年创业园地
04.商业综合中心
05.健身活动中心
06.产教园
07.少年宫
08.科技楼
09.信息楼
10.图书馆
11.教学楼
12.城隍庙商厦
13.城隍庙商业街
14.文化展馆
15.文化展厅触媒综合体
16.文化作坊
17.文创售卖
18.文化创业基地
19.展览馆
20.文化体验馆
21.办公楼
22.人才公寓
23.民俗体验馆
24.市场综合体
25.快闪集市
26.潮玩中心
27.商业综合体
28.商厦办公楼
扎达盖河
通道南路
前新城道
文化宫路
西中山路

"环"城计划——织补理论驱动下的宽巷子文化片区城市设计 9

小组成员

宿建廷

王涵

宋佳丽

刘晓敏

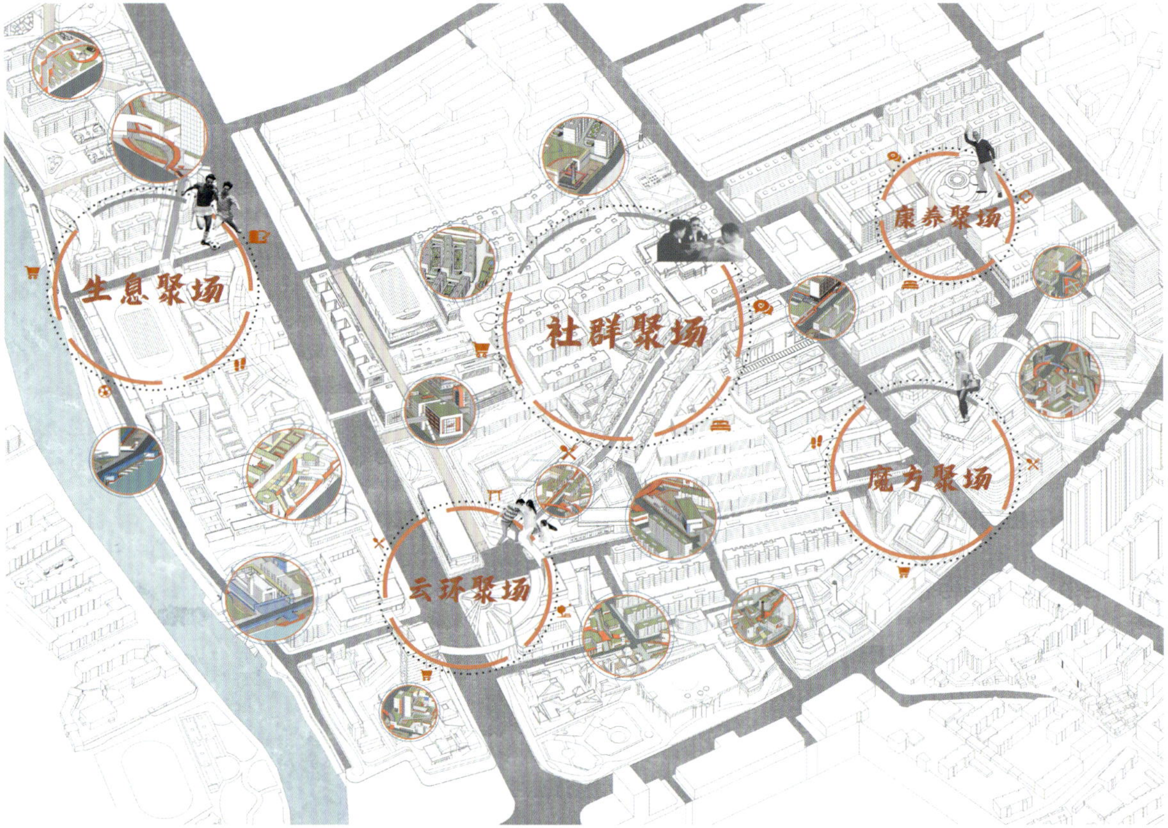

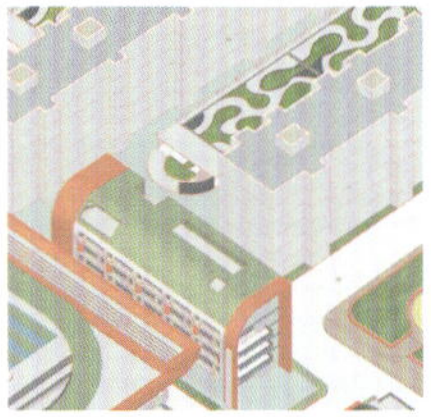

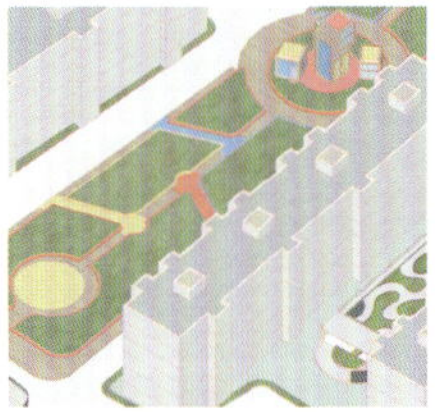

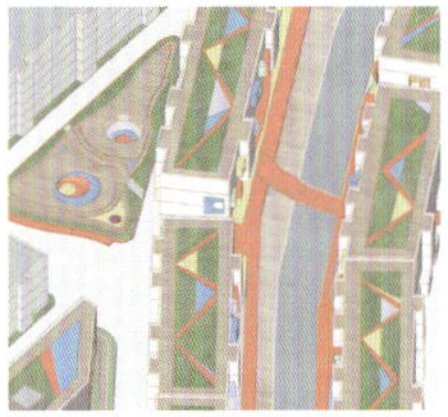

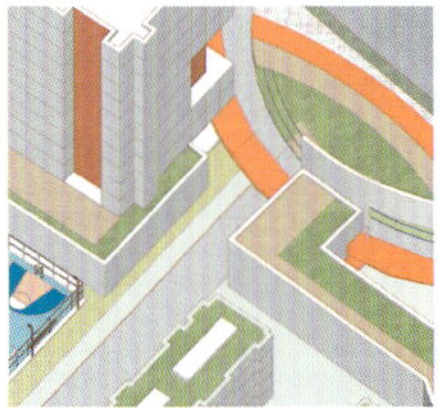

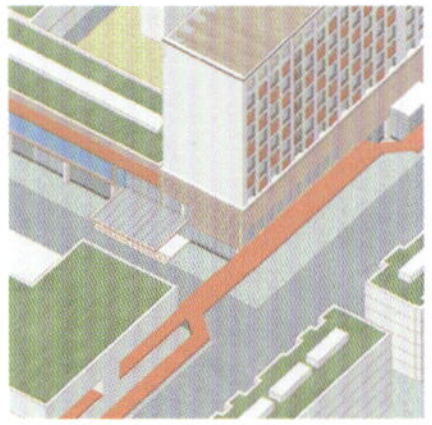

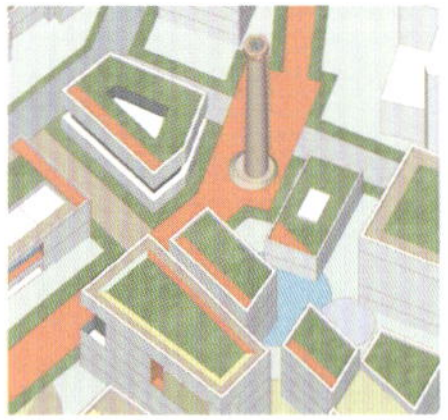

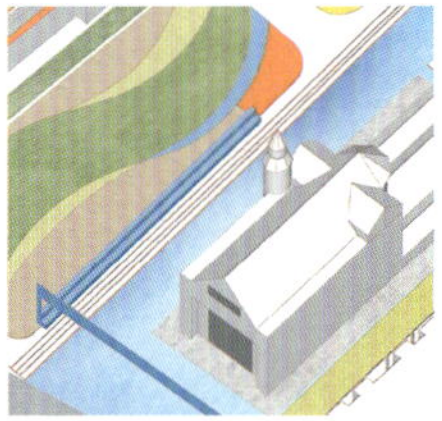

设计总结

本学期是我们第一次参加联合设计作业,也是首次接触城市层面的设计。一开始接触城市设计,我们还不能完全从建筑设计的思维中跳脱出来,设计思路还局限在微观层面。随着实地调研的进行,我们逐渐认识到城市设计与建筑设计的不同,城市设计更多考虑城市尺度,要求我们从更加宏观的视角进行全局把控。

在前期,从济南到呼和浩特市,随着作业选址,我们从文化特色、地域特点、人文情怀等各个层面收获了全新的设计体验。我们结合实地调研与线上资料收集,对地块现状进行了分析。我们都认为本次作业对我们是一次挑战,也是一次难得的机遇。

由于这次联合设计是小组作业,我们一开始就制定了详细的方案规划和阶段目标并在设计过程中学习了城市设计的各类知识,共同完成了联合中期汇报。在汇报中,我们大开眼界,看到了各个学校不同的设计特点与思路,也就此对我们以"城市织补""微更新"为主的方案进行更具创新性的调整。

最后我们也非常有幸参与联合设计的成果汇报,各个学校的优秀作品也给我们非常多的启发,让我们在方案设计与呈现上获益匪浅。

回顾整个联合设计,我们不仅学到了城市设计的专业知识、提升了自己宏观设计能力和整体规划能力,还进一步锻炼了方案呈现、汇报能力。同时我们也在与各个学校优秀学子的交流过程中感受到了不同的设计风格、学习到了更多的设计知识,收获颇丰。

最后,感谢各位专家和老师的悉心指导。

内蒙古·呼和浩特

呼和浩特宽巷子民俗文化片区城市更新设计

青城踱步，"回"环相扣

烟台大学一组

田馨蕊　孙　鑫　刘依萌　张程锦

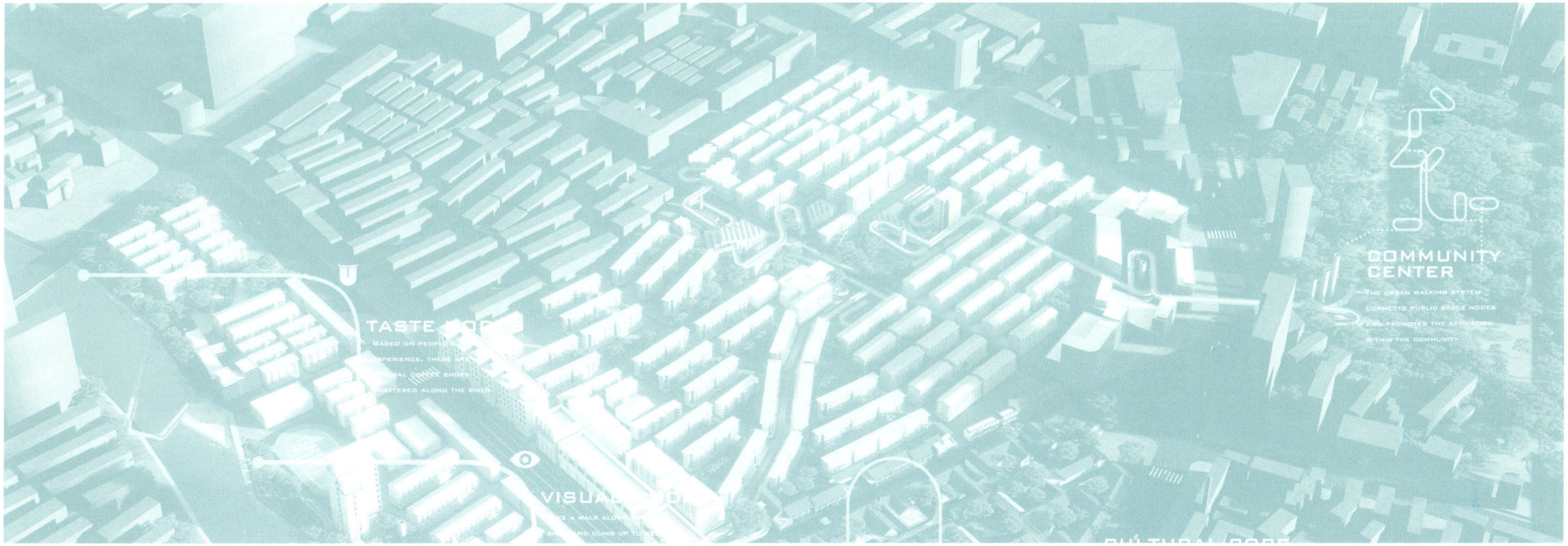

青城踱步，"回"环相扣 1

场地问题总结

History & Culture

·文化记忆失落，历史价值尘封

场地位于旧城北门历史文化片区，聚居了大量的回族居民，场地内部存在多处清真寺，文化记忆被现代化发展所冲击，最主要的清真大寺边缘化严重。

Commerce & Neighborhood

·商业定位不明，街区业态单一

场地内部街区均质化严重，商业业态单一，宽巷子以呼市特色小吃店为主，其余街区商业生活气息浓厚，以满足居民日常生活为主。

Community life & Greening

·街区空间失活，社区生活失色

场地内部主要为居住功能，小区内基本均为20世纪90年代建造的六层建筑，居住区内公共空间、绿化、停车场严重缺失，居民生活空间单调乏味。

上位规划

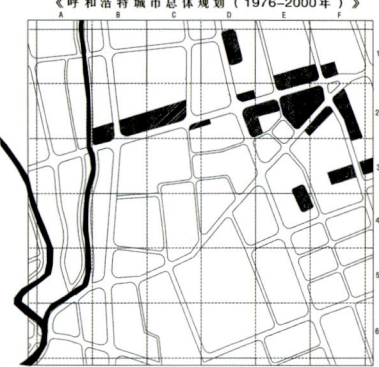

《呼和浩特城市总体规划（1976-2000年）》

商业用地呈"点"状分布

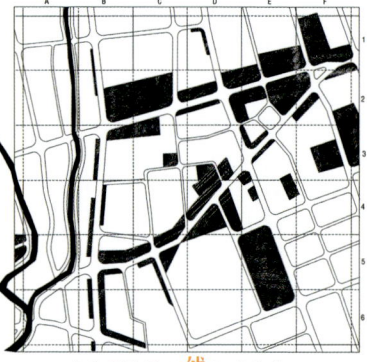

《呼和浩特城市总体规划（1996-2010年）》

商业用地呈"线"状分布

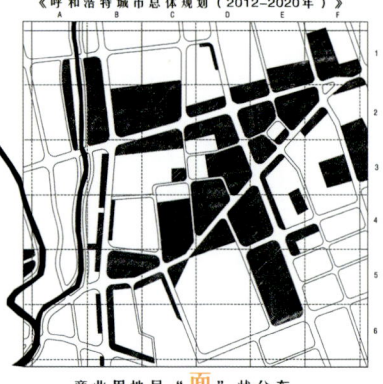

《呼和浩特城市总体规划（2012-2020年）》

商业用地呈"面"状分布

周边资源分析

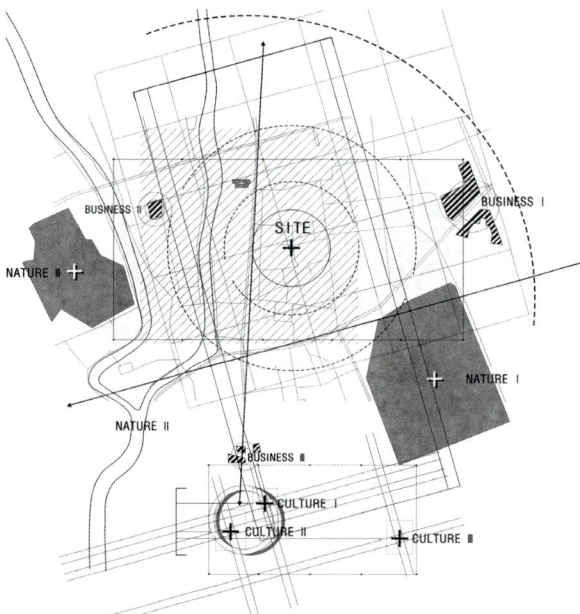

城市印象

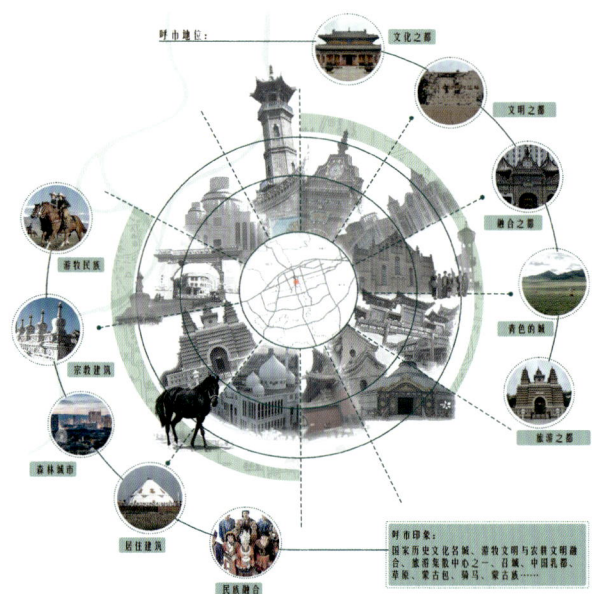

青城踱步，"回"环相扣 2

比较分析

■用地系统

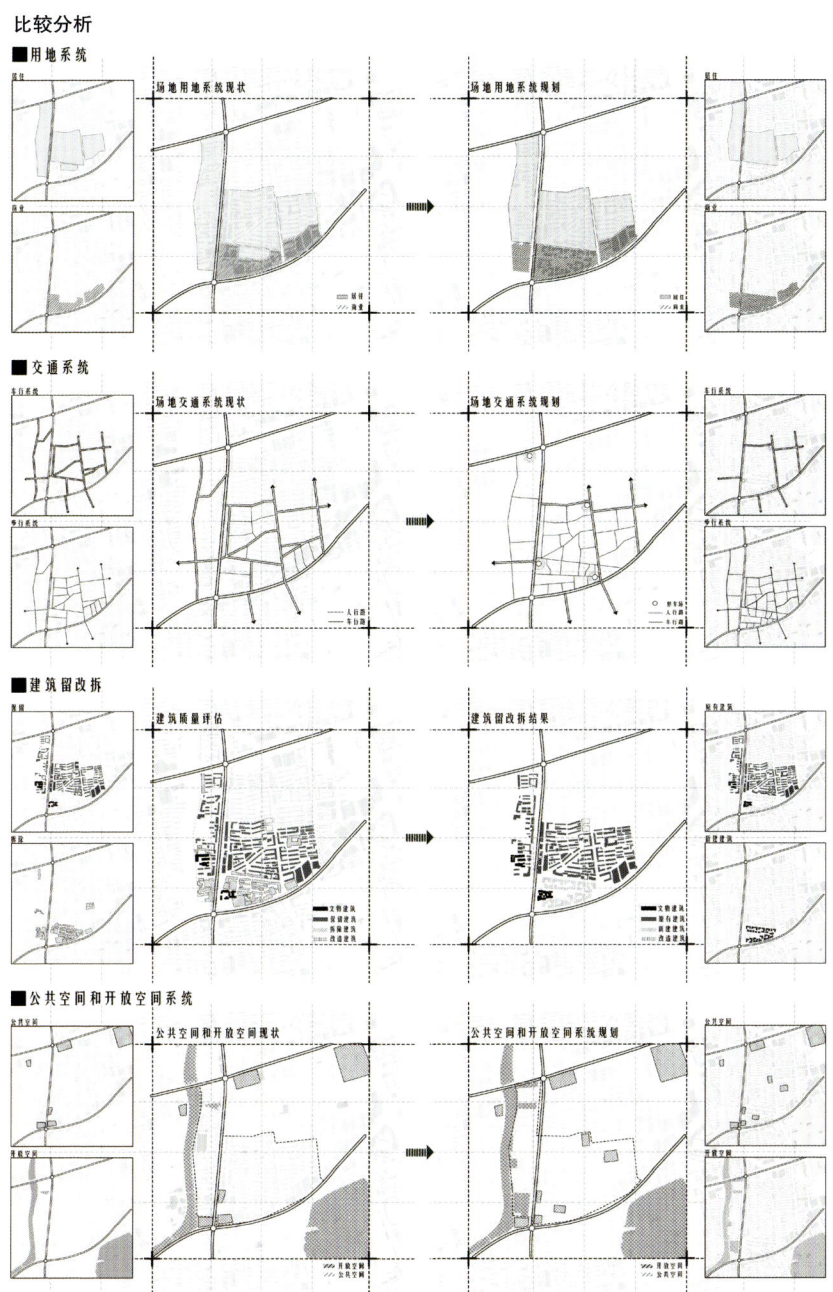

场地用地系统现状　　　　场地用地系统规划

■交通系统

场地交通系统现状　　　　场地交通系统规划

■建筑留改拆

建筑质量评估　　　　　　建筑留改拆结果

■公共空间和开放空间系统

公共空间和开放空间现状　公共空间和开放空间系统规划

设计策略

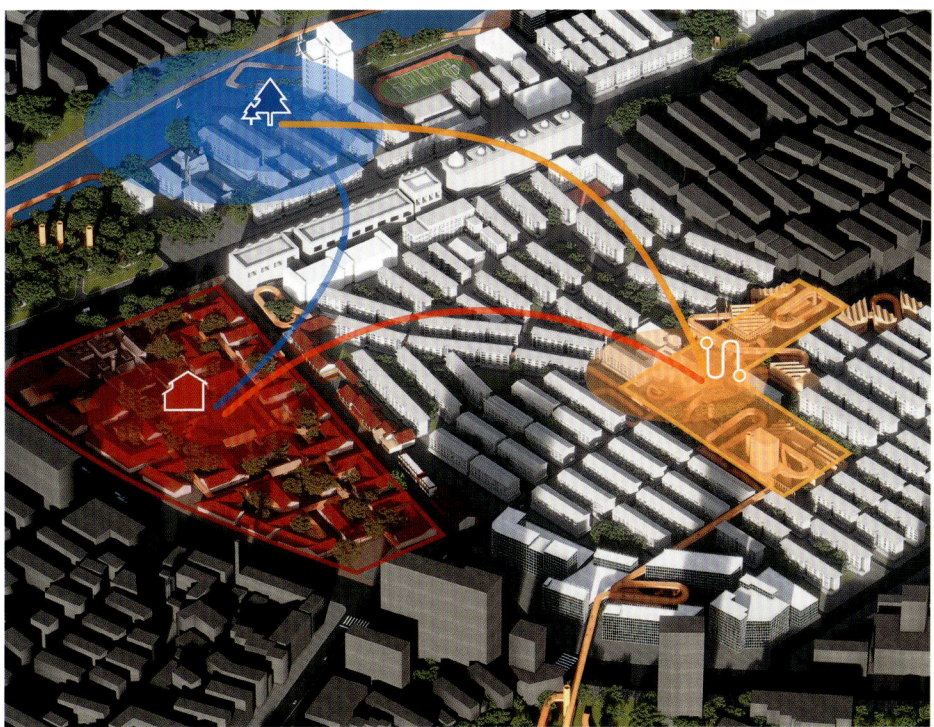

文化商业圈——以清真大寺为核心

绿色休闲圈——以扎达盖河为起点

社区生活圈——以社区活动为内核

通过前期实地调研、资料搜集、政策阅读，我们进行了上位规划分析、场地周边资源分析、城市印象分析、多系统比较分析，并且针对现有资料对场地问题进行了总结，进而通过老师辅导以及小组讨论得出针对呼和浩特宽巷子街区现状的城市更新改造策略——"三圈共融"。"三圈"分别指以清真大寺为核心服务城市层级的文化商业圈、以扎达盖河为起点辐射沿河两岸片区的绿色休闲圈、以社区活动为内核服务社区内部的社区生活圈。三个圈层既完整独立地对不同层级进行一定程度的回应，同时也相互渗透、圈圈相融、环环相扣。在三个圈层的共同作用下以实现文化共商、人群共生、空间共融的目标！

青城踱步，"回"环相扣 3

设计说明

地段位于呼和浩特归化旧城以北，东邻"自治区贸易第一街"中山西路商圈，场地内现状问题复杂，主要面临主要历史建筑边缘化、公共空间紧张、交通系统混乱、商业定位不明等困境。方案由点及面，使用节点激活、业态互补、轴线织补等城市更新手段，通过空间基因的识别提取、体验式商业功能的策划、社区生活步道的界面处理、重构公共空间体系等方式，探索打造文化商业圈、绿色休闲圈、社区生活圈三圈共融的可持续发展现代历史街区。

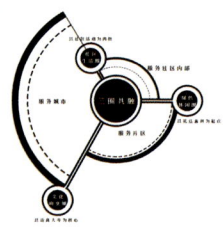

设计策略框架

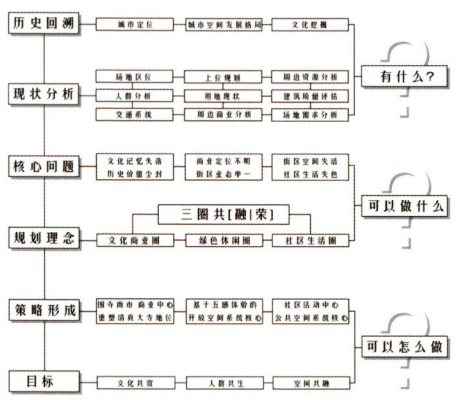

系统叠加

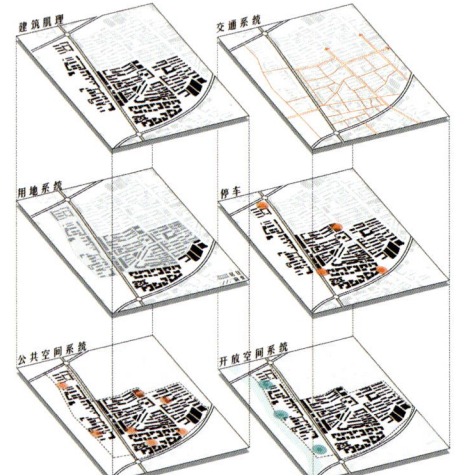

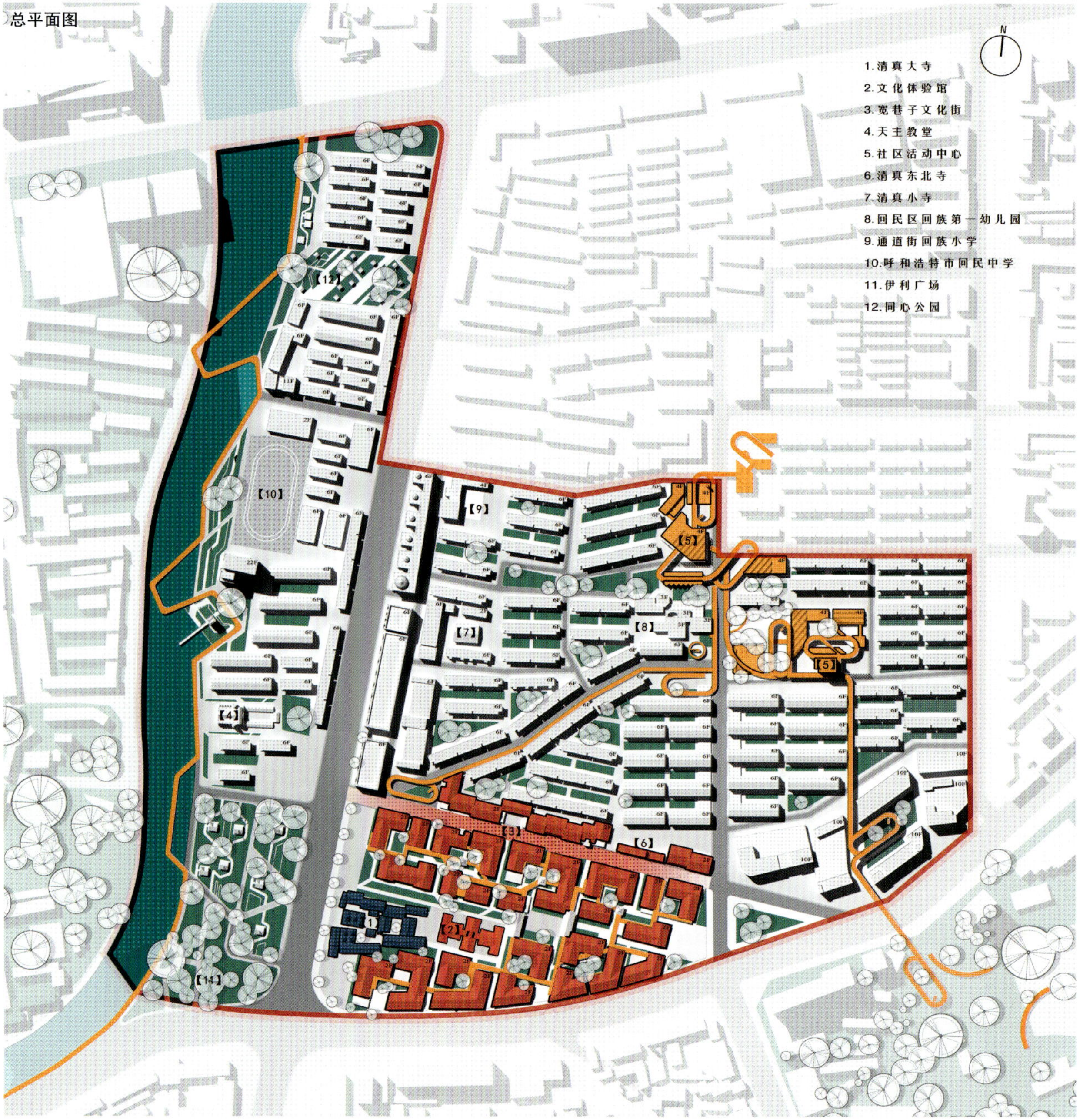

总平面图

1. 清真大寺
2. 文化体验馆
3. 宽巷子文化街
4. 天主教堂
5. 社区活动中心
6. 清真东北寺
7. 清真小寺
8. 回民区回族第一幼儿园
9. 通道街回族小学
10. 呼和浩特市回民中学
11. 伊利广场
12. 同心公园

设计策略

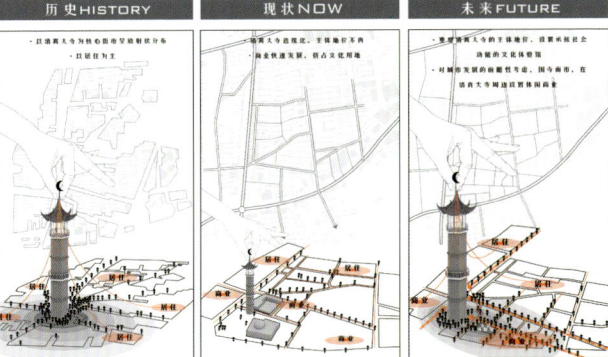

历史 HISTORY　　现状 NOW　　未来 FUTURE

商业业态分析

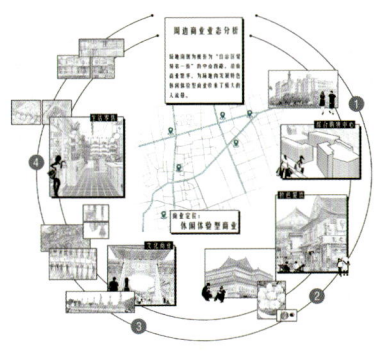

体块组合

肌理提取

类型总结

基因转化

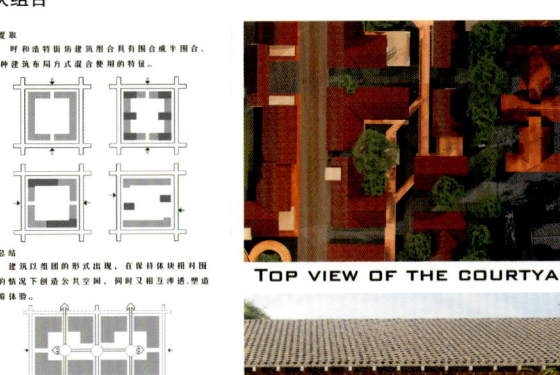

TOP VIEW OF THE COURTYARD

CORRIDOR SPACE

CENTRAL SQUARE

爆炸轴测

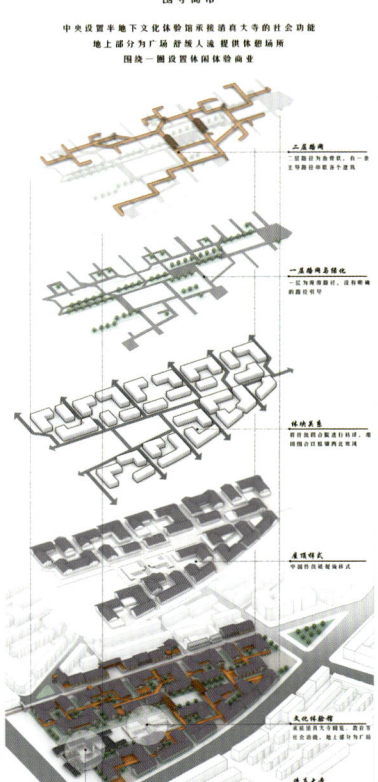

"围寺面市"

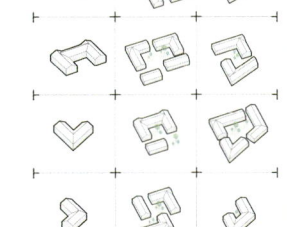

青城踱步，"回"环相扣

"围寺面市"

清真大寺为场地的文化核心 设置承接清真大寺社会功能的文化馆
重塑清真大寺对场地的主导地位 唤醒场地文化内涵
同时出于对城市发展的前瞻性考虑
围绕一圈设置休闲体验商业

青城踱步，“回”环相扣 5

COMMUNITY CENTER
THE URBAN WALKING SYSTEM
CONNECTS PUBLIC SPACE NODES AND
PROMOTES THE ACTIVATION WITHIN THE
COMMUNITY

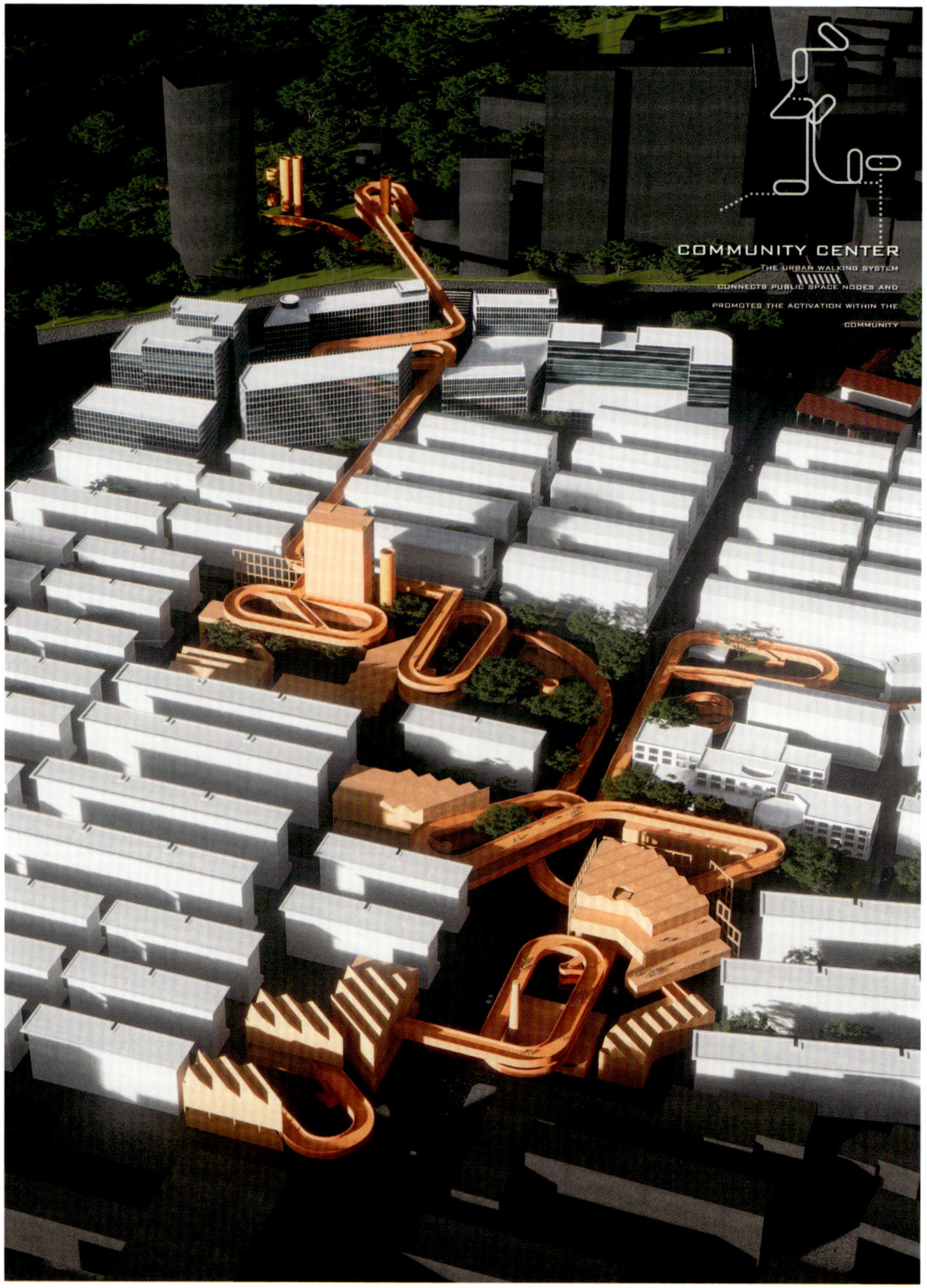

乐活社区——以社区活动为内核

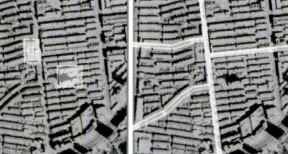

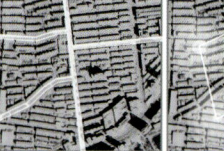

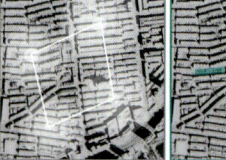

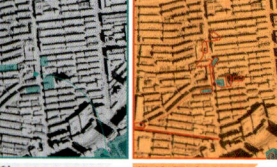

改造潜质 TRANSFORMATION POTENTIAL

挖掘整个场地的改造潜质，选定旧热力厂和医院。二者原有结构完整，且位于多个住宅区中心。

道路可达性 ROAD ACCESSIBILITY

热力厂和医院所在中心区域有多条车道相会，有很好的可达性。

辐射范围 RADIATION RANGE

改造后的新社区中心功能将会辐射到场地内外的四个居住区甚至更远。

新绿轴 NEW GREEN AXIS

在整个场地缺乏开放空间的大背景下，我们在新的社区中植入更多绿地，明确边界。

新社区中心 NEW COMMUNITY CENTER

用步道连接各个重要改造建筑，新的步道系统实现场地各区域的链接，社区中心、宽巷子起点和青城公园形成三足鼎立的形态。

居民活动中心
运动中心

LIFE
LANDMARK
RIDE

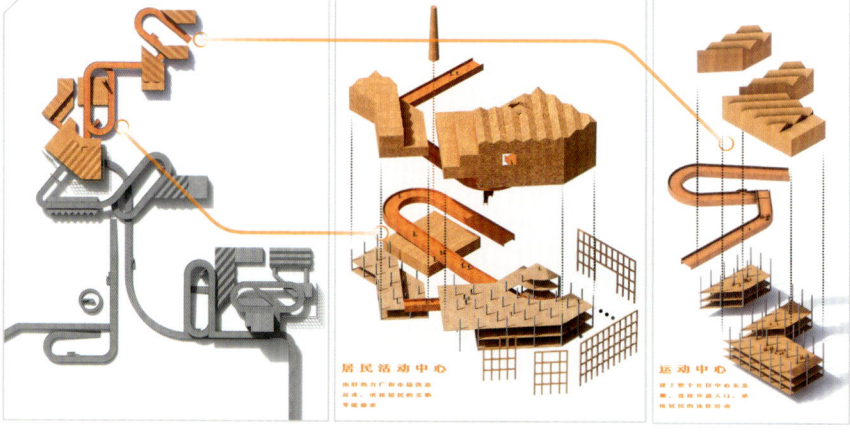

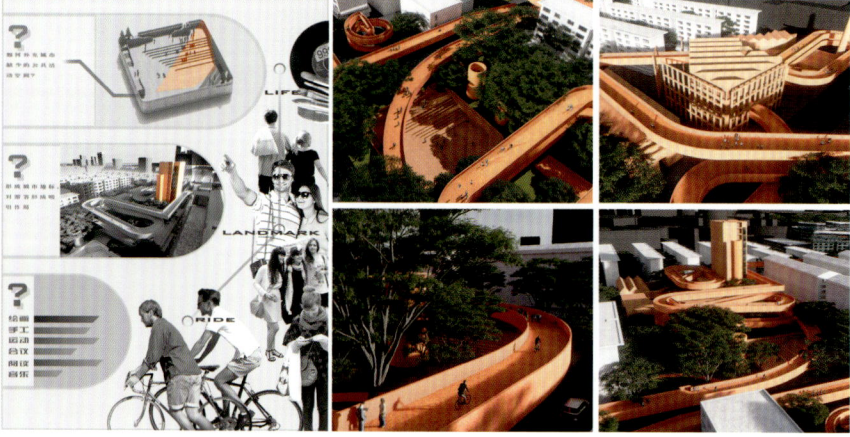

青城踱步，"回"环相扣 6

沿河要素分析

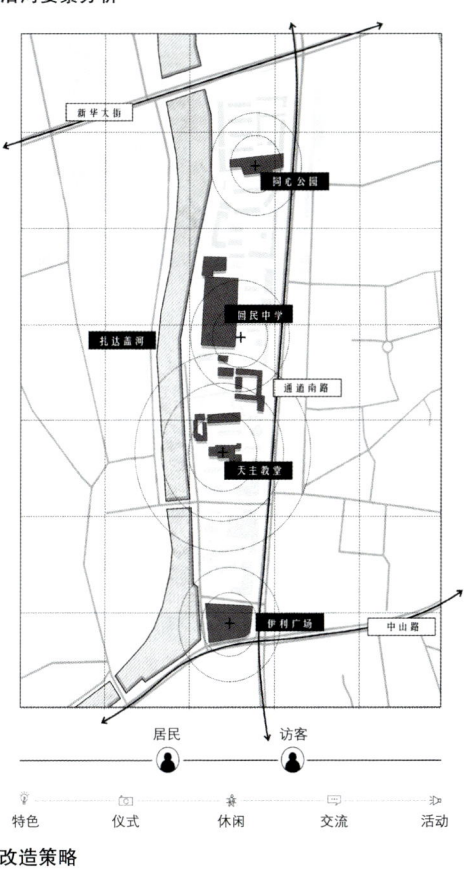

居民　访客

特色　仪式　休闲　交流　活动

改造策略

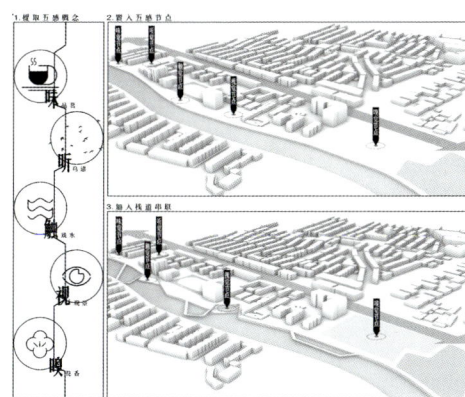

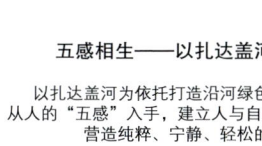

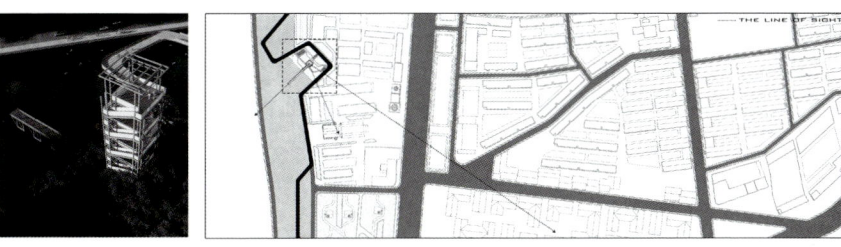

五感相生——以扎达盖河为起点

以扎达盖河为依托打造沿河绿色休闲片区，
从人的"五感"入手，建立人与自然联结的纽带。
营造纯粹、宁静、轻松的环境

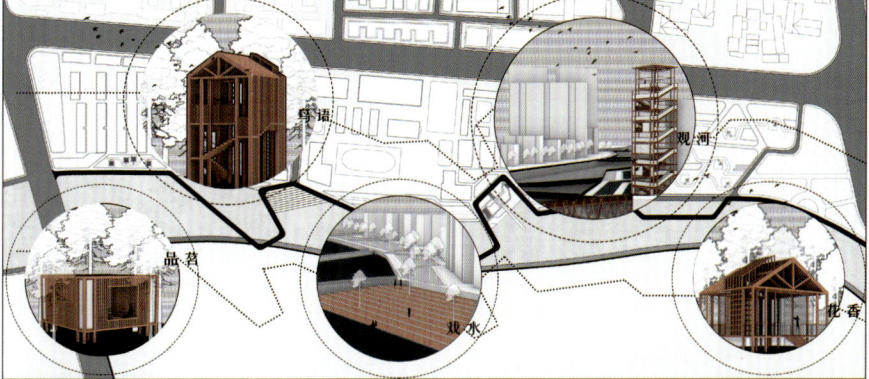

烟台大学一组

青城踱步，"回"环相扣 7

小组成员

刘依萌　　　田馨蕊　　　孙鑫　　　张程锦

设计总结

很荣幸也很开心参与本次的北方四校联合城市设计，我们去了内蒙古呼和浩特，一个典型的北方城市，有机会感受呼和浩特不同于其他城市的文化氛围。

从一个几千平方米建筑设计的尺度到58公顷的城市设计，对我们来说有很大困难，如何去抓住整个场地的主要矛盾点是难题之一。通过这次机会，我们对于"城市"有了初步的认知，由建筑设计的视角逐渐向城市设计的视角转变。

设计的开始，我们怀着激动的心情在内蒙古呼和浩特展开了实地调研，更多的以一种城市使用者的视角观察城市。由于刚刚接触城市设计，我们还无法及时转换设计视角，导致最初调研得出的结论仍为建筑设计视角，相较于城市设计而言过于微观。

后期随着设计的逐渐展开，在老师耐心的辅导下，查阅更多资料后，我们逐渐对城市设计的内容有了一定的了解，整个设计的过程顺利展开。我们基于呼和浩特市宽巷子片区的现状、优秀城市设计的案例、理想城市模型的总结进行了本次城市设计策略的制定。

在整个城市设计的过程中，除了知识的学习，还体会到了小组合作的力量。整个设计是小组成员通力合作的结果。大家集思广益，一起头脑风暴，发挥自己的优势，互相帮助互相学习，最终才有本次作业的完美呈现！

最后，感谢各位专家和老师的悉心指导。

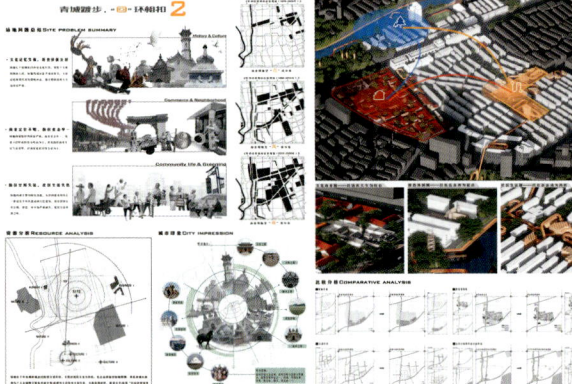

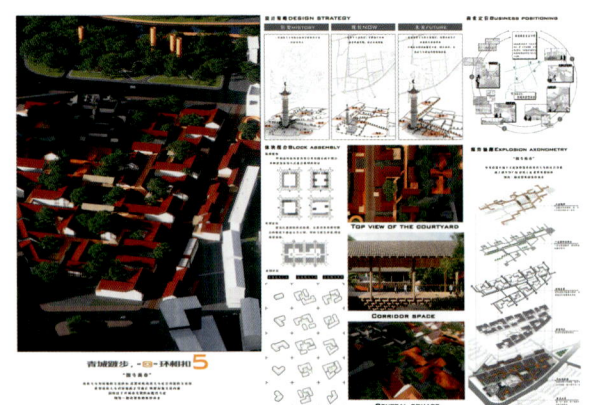

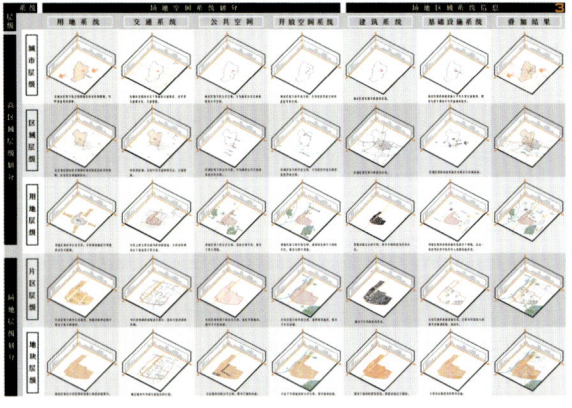

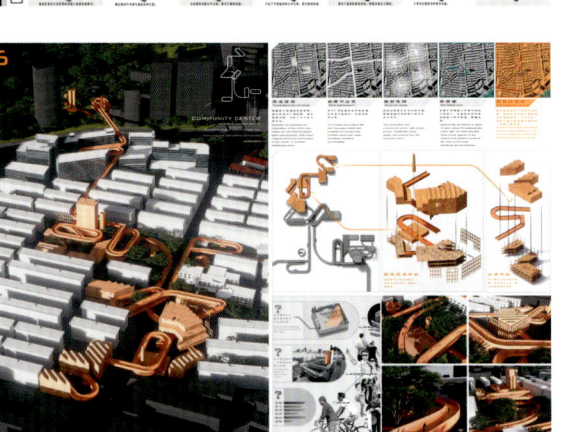

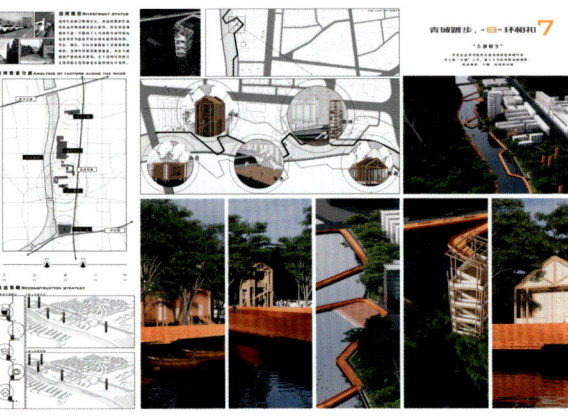

内蒙古·呼和浩特

呼和浩特宽巷子民俗文化片区城市更新设计

藤蔓入幽径，青萝拂行衣

烟台大学二组

尹柯妮　李嘉佳　赵小茗　张泽华

藤蔓入幽径，青萝拂行衣1

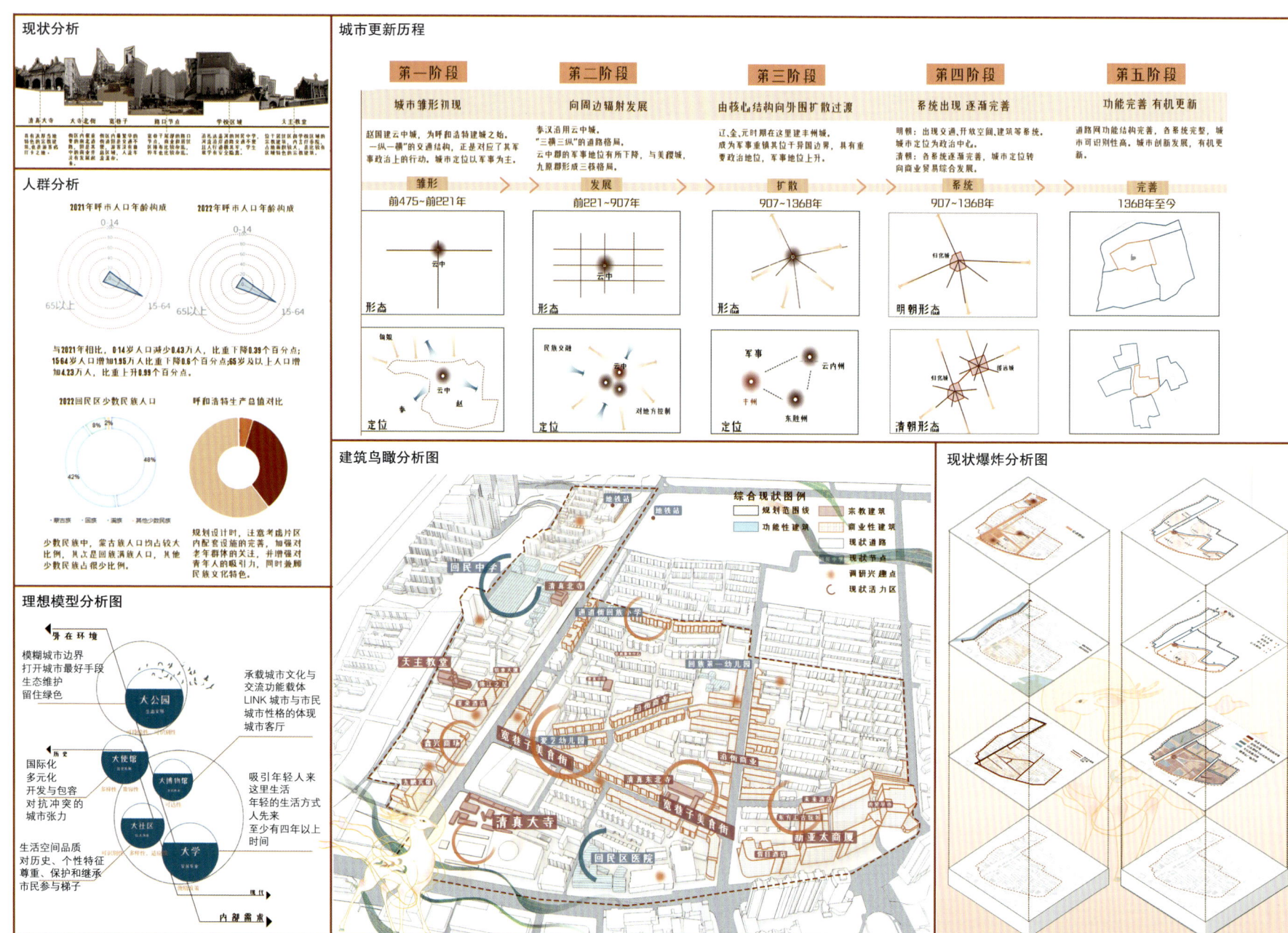

现状分析

清真大寺　大寺北街　宽巷子　路口节点　学校区域　天主教堂

人群分析

2021年呼市人口年龄构成　　2022年呼市人口年龄构成

与2021年相比，0-14岁人口减少0.43万人，比重下降0.39个百分点；15-64岁人口增加0.95万人比重下降0.6个百分点；65岁以上人口增加4.23万人，比重上升0.99个百分点。

2022回民区少数民族人口　　呼和浩特生产总值对比

少数民族中，蒙古族人口均占较大比重，其次是回族满族人口，其他少数民族占很少比例。

规划设计时，注意考虑片区内配套设施的完善，加强对老年群体的关注，并增强对青年人的吸引力，同时兼顾民族文化特色。

理想模型分析图

城市更新历程

第一阶段　　第二阶段　　第三阶段　　第四阶段　　第五阶段

城市雏形初现　　向周边辐射发展　　由核心结构向外围扩散过渡　　系统出现 逐渐完善　　功能完善 有机更新

赵国建云中城，为呼和浩特建城之始。一纵一横的交通结构，正是对应了其军事政治上的行动。城市定位以军事为主。

秦汉沿用云中城，"三横三纵"的道路格局。云中郡的军事地位有所下降，与美稷城、九原郡形成三棱格局。

辽、金、元时期在这里建丰州城。成为军事重镇其位于异国边界，具有重要政治地位，军事地位上升。

明朝：出现交通、开放空间、建筑等系统。城市定位为政治中心。清朝：各系统逐渐完善，城市定位转向商业贸易综合发展。

道路网功能结构完善，各系统完整，城市可识别性高。城市创新发展，有机更新。

雏形　　发展　　扩散　　系统　　完善

前475~前221年　　前221~907年　　907~1368年　　907~1368年　　1368年至今

形态　　形态　　形态　　明朝形态

定位　　定位　　定位　　清朝形态

建筑鸟瞰分析图

现状爆炸分析图

藤蔓入幽径，青萝拂行衣 2

设计说明

本方案从城市整体角度出发，在四个尺度、四个层级下探究呼和浩特的历史变迁和发展趋势，发现其中问题从而提出方案，我们紧扣"青色的城"这一概念，利用场地内延伸向整个城区的主要路网和河道作为轴线，建立起一套可以向外辐射的体系。植入更多的公共、开放空间，旨在建立一个位于现代化商圈和文化旅游商圈中点的高品质休闲、慢节奏片区，并在此植入五大模型填补区域功能空白，形成区域之间的优势互补。

核心问题与策略

打造连通的街区

创造健康的生存环境

优化产业结构及定位

营造舒适的生活环境

未来愿景

一河两带一环的活力体系

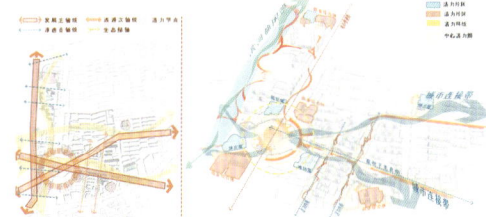

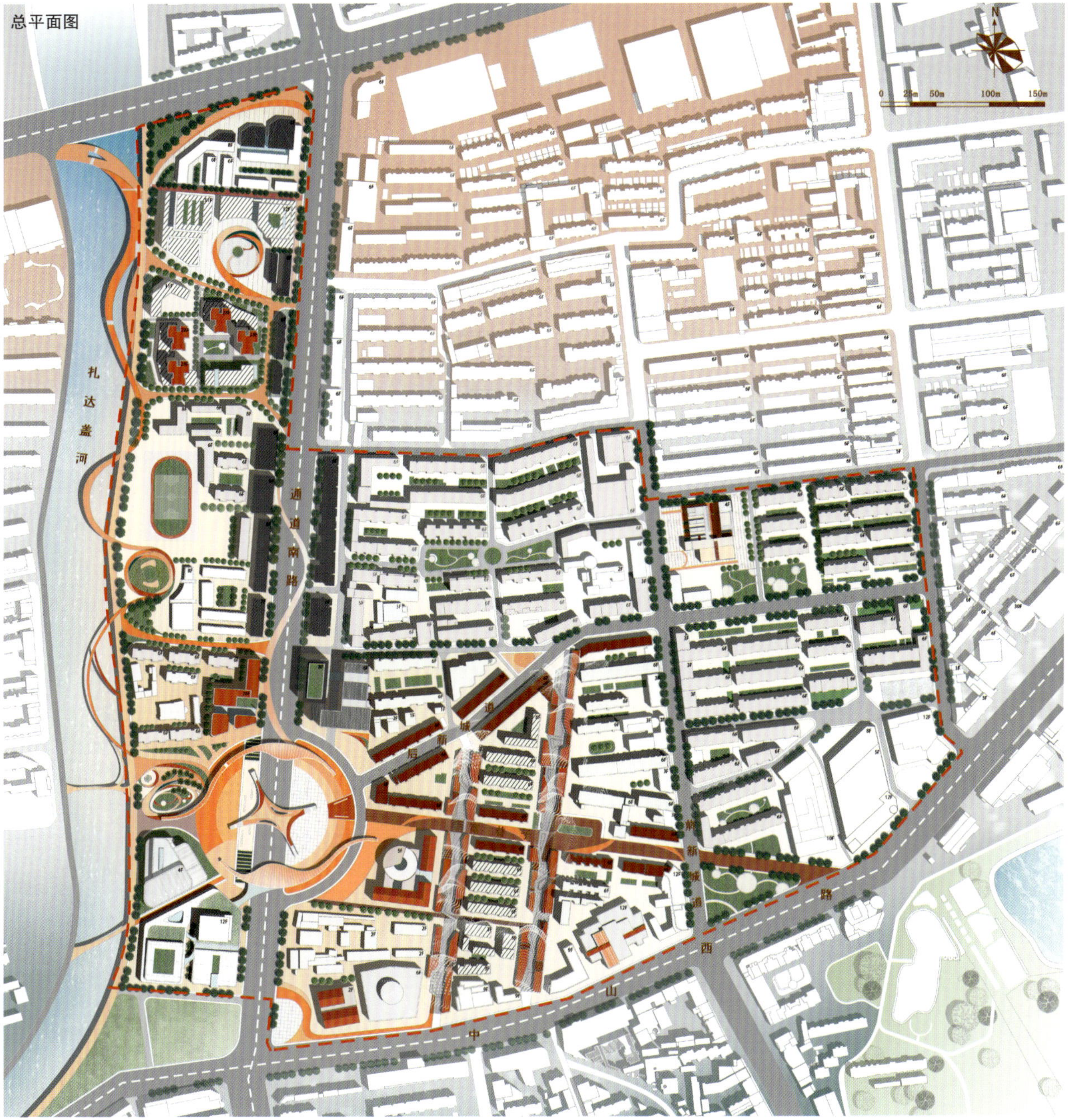

总平面图

烟台大学二组

藤蔓入幽径，青萝拂行衣 3

矩阵图

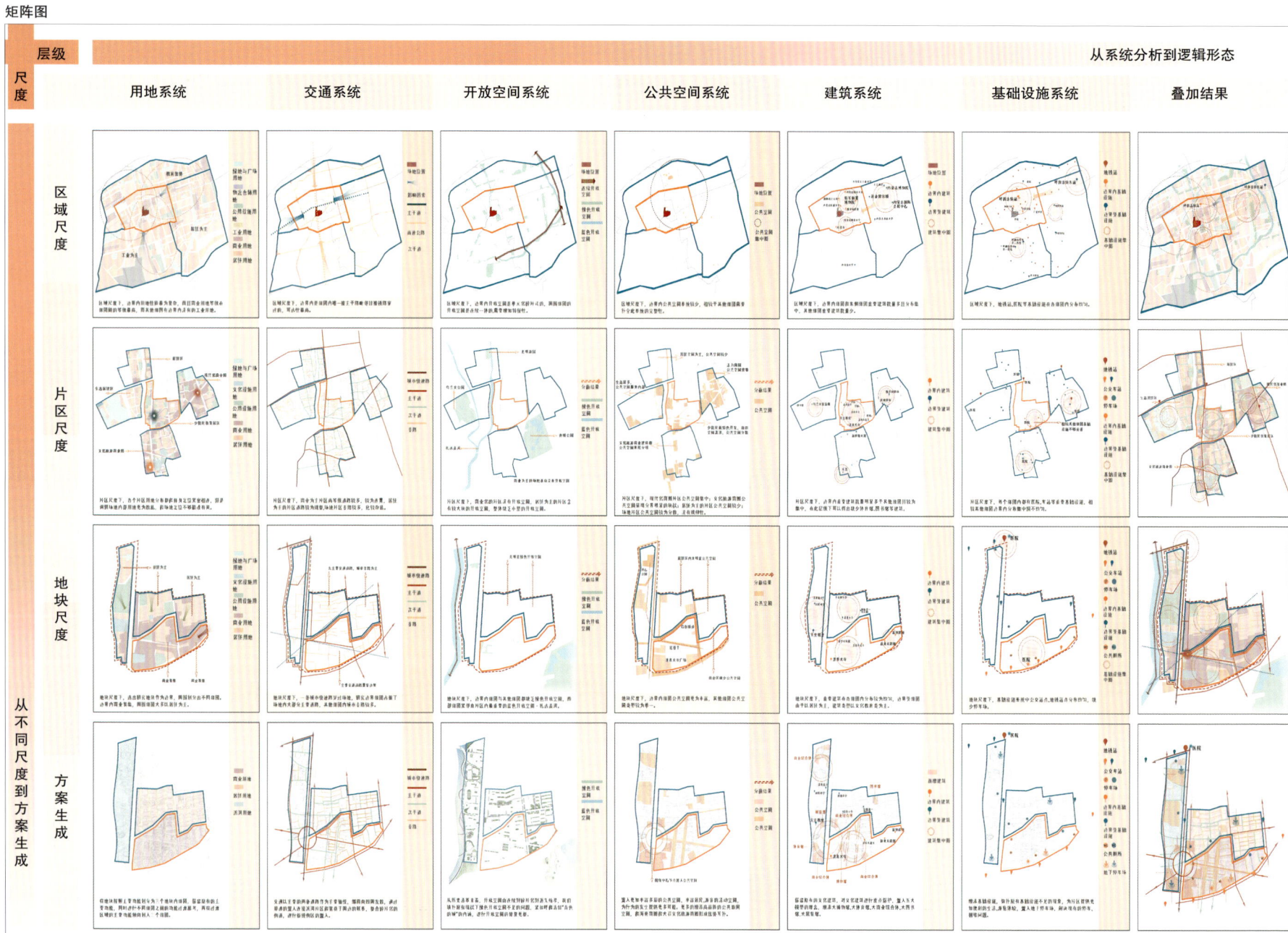

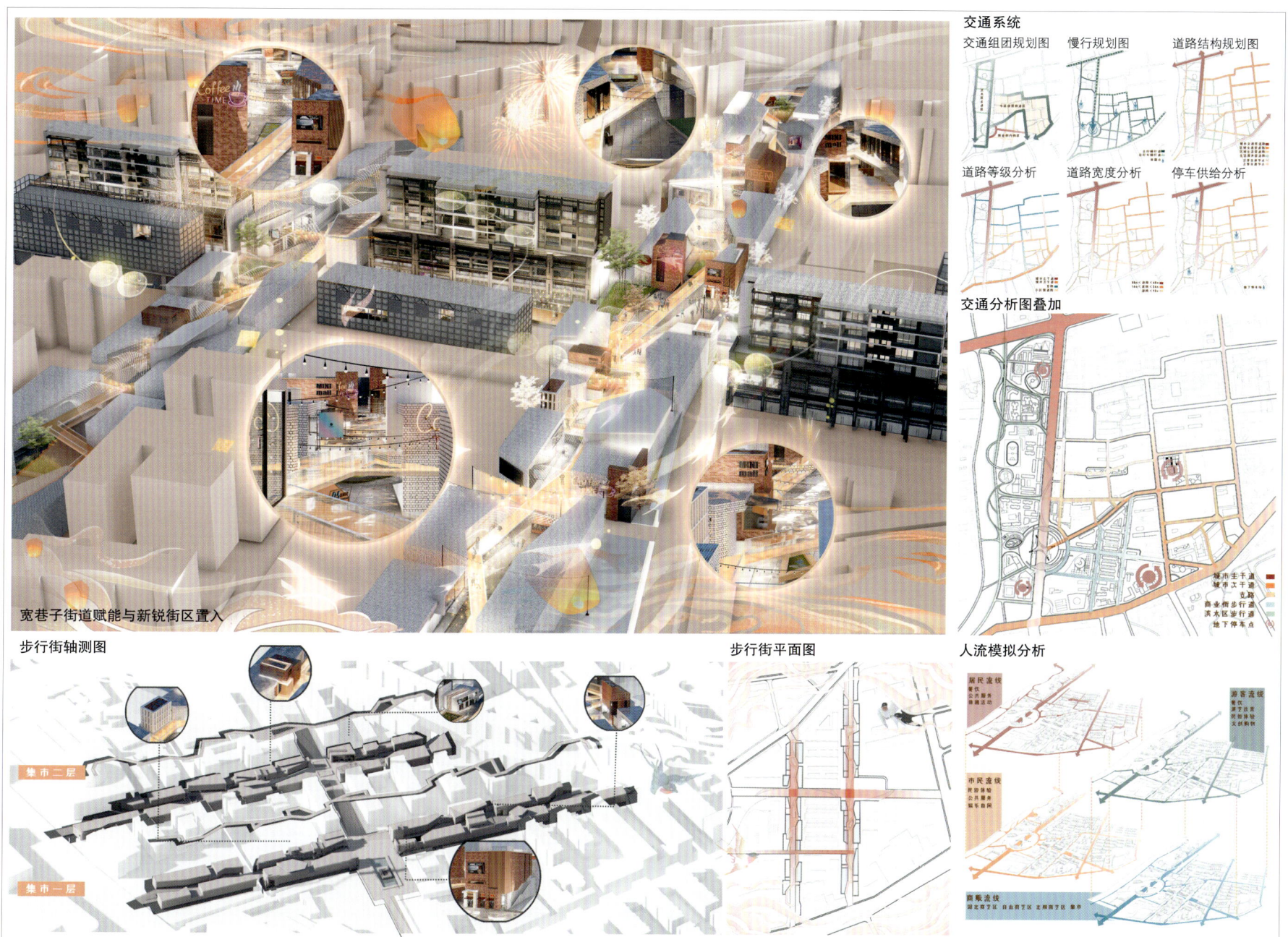

宽巷子街道赋能与新锐街区置入

交通系统

交通组团规划图　　慢行规划图　　道路结构规划图

道路等级分析　　道路宽度分析　　停车供给分析

交通分析图叠加

步行街轴测图

集市二层

集市一层

步行街平面图

人流模拟分析

藤蔓入幽径，青萝拂行衣 5

小组成员

从左到右：尹柯妮、赵小茗、李嘉佳、张泽华

设计总结

首先感谢主办方内蒙古工业大学举办此次联合城市设计，本次活动给予我们深化学习和展示自己的机会，同时也与其他高校的同学建立了深厚的友谊，互相取长补短，交流学习。其次，我们还学习到不同学校、老师之间以不同的视角、不同的思路去解决问题的方法，使我们获益匪浅。

在这次城市设计的过程中，我们学到了很多。之前我们在设计建筑时，往往是仅关注建筑本身的要素，空间、造型和材料等，视角比较微观。而城市设计需要宏观的角度，通过此次设计，我们了解到，城市是系统的集合，城市各要素之间隐含着内在的组织性、逻辑性和系统性，对比我们过去所做的建筑设计，我们认为城市设计不应该只思索那些单独的建筑物，而应该将它看作一种整体空间，为城市组织合理的功能配置、高效地交通体系，营造舒适的空间环境、良好的景观风貌，有效地开发控制。所以再回到建筑设计时，不能仅仅关注建筑单体要素的设计，我们还要考虑建筑在片区甚至城市中的设计，不要让建筑成为设计的孤岛。

最后，感谢各位专家和老师的悉心指导。

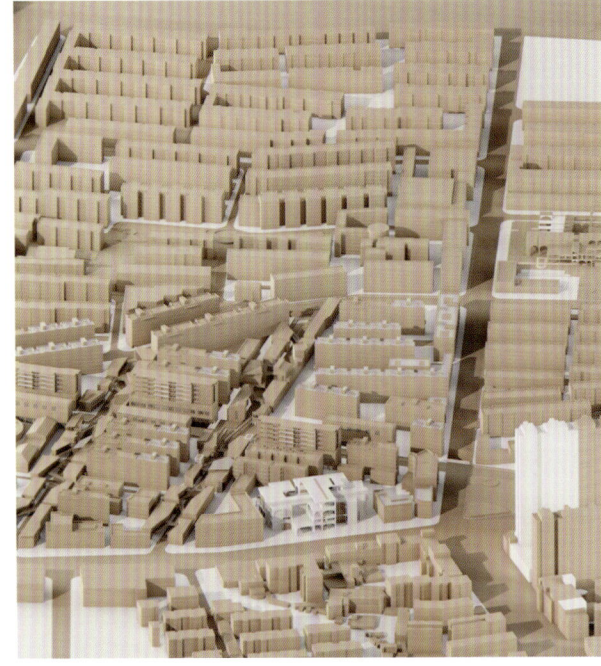

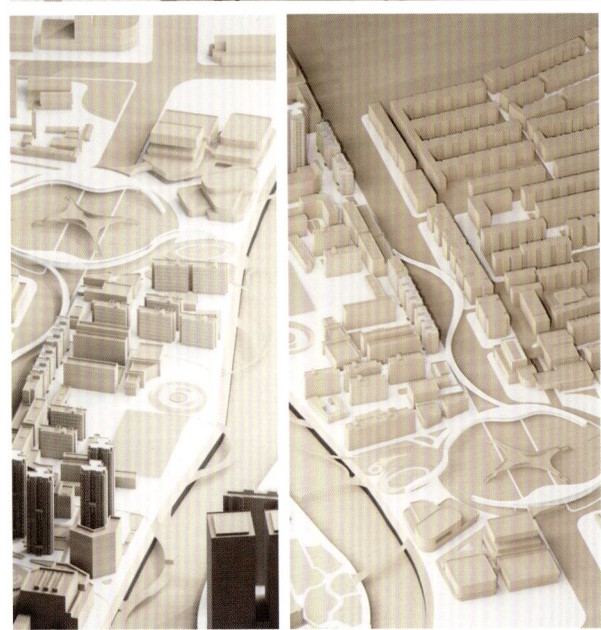

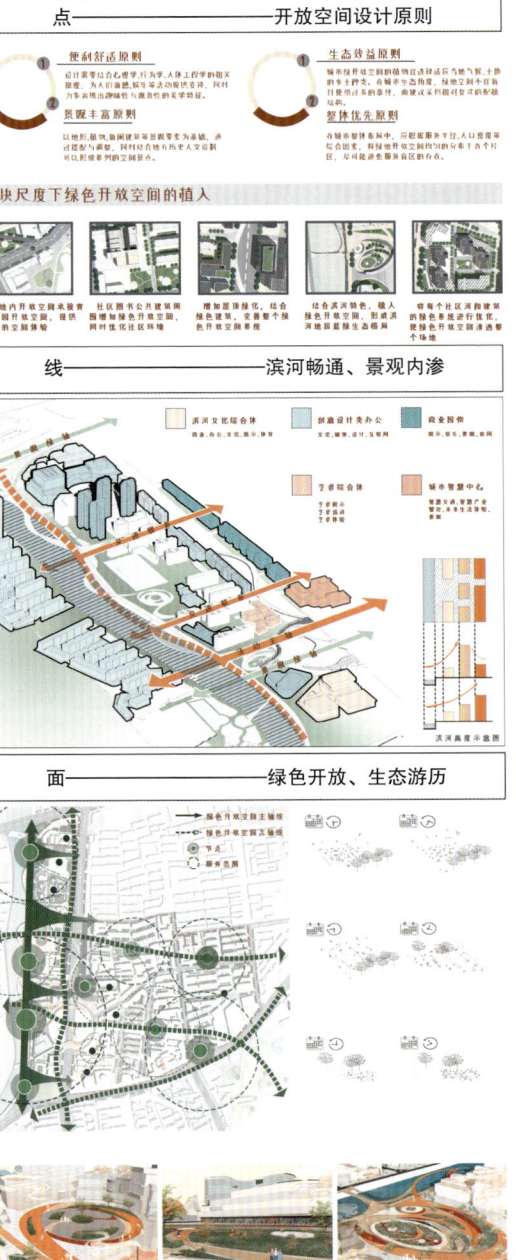

点 —— 开放空间设计原则

线 —— 滨河畅通、景观内渗

面 —— 绿色开放、生态游历

地块尺度下绿色开放空间的植入

内蒙古·呼和浩特

呼和浩特宽巷子民俗文化片区城市更新设计

CCW – 青云直上

内蒙古工业大学一组

王 安　张 琦　解 瑶　韦 洋

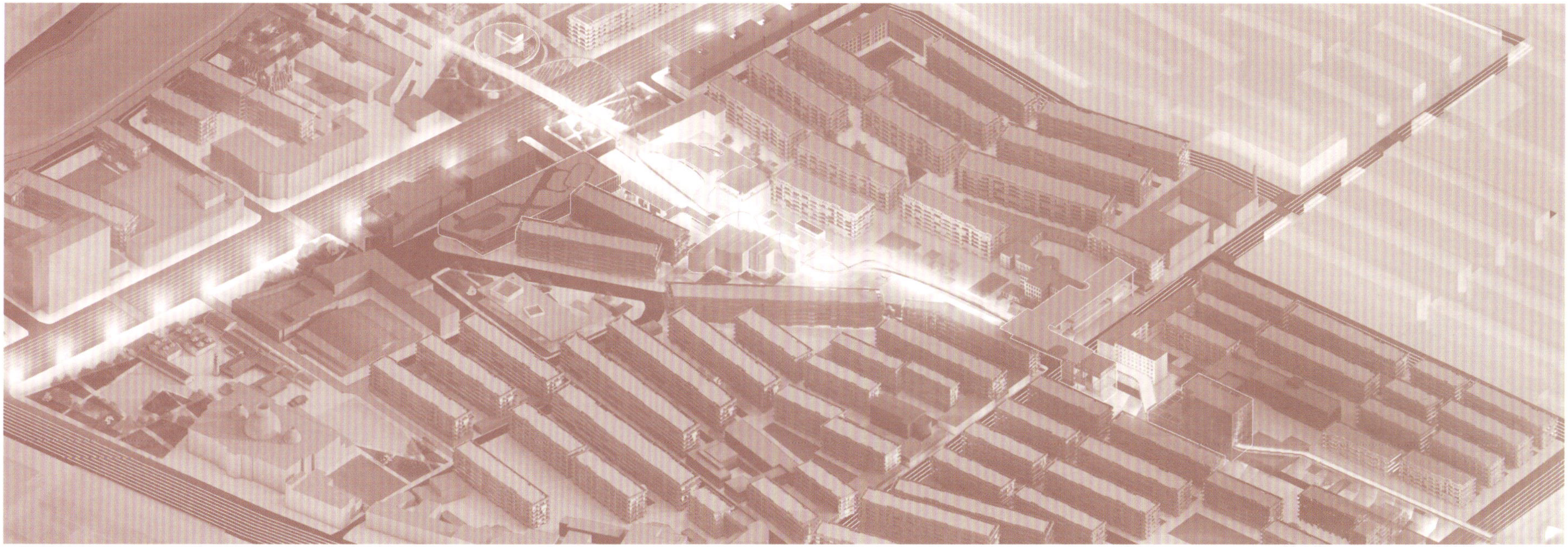

CCW – 青云直上 1

设计概念

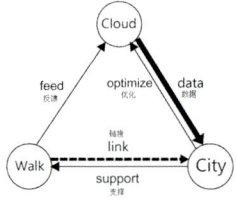

CCW 是 CLOUD（云计算）与 CITYWALK（城市漫游）两种概念的结合体，本设计希望以云计算服务和云数据打造不同的特色区块，用一条街道来激活地块。这条核心街道将会成为城市激活的范本，顺利地复制到相似的地块中，辐射更多地区。我们将四个地块按照特征打造成滨河运动区、智慧居住区、特色商业区、便携商住区，用慢行廊道将其串联，结合诸多特色服务站点"云箱"，完成城市设计。

需求分析

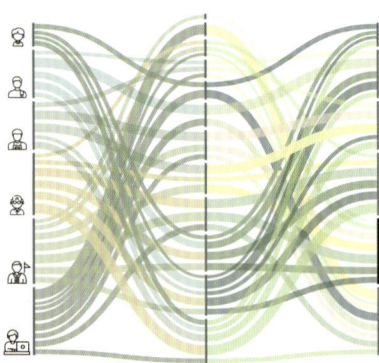

设计分析

在回民区中新拓一条轴线激活片区活力，沿轴线布置节点建筑，服务不同需求片区并辐射整个片区，充分利用片区位置特点，通过轴线向上连接现在、向下回接历史。

场地现状

| 居住建筑 | 商业建筑 | 办公建筑 | 历史建筑 | 道路问题 | 废弃建筑 |

SWOT 分析

S
- 历史文化资源丰富
- 拥有滨河景观资源
- 地块生活气息浓郁
- 地块文化生活独特

W
- 场地建筑较为老旧
- 内部道路较为混乱
- 小区内规划较混乱
- 公共空间和绿化少

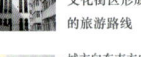

O
- 周边商业设施齐全
- 与南侧的大召历史文化街区形成统一的旅游路线

T
- 城市向东南方向发展
- 周边交通较为复杂
- 新的商业中心涌现
- 城市设施较为老化

历史沿革

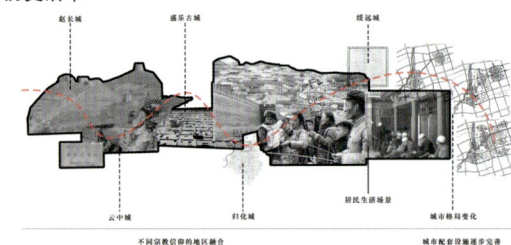

CCW – 青云直上 2

道路分析

场地邻近两条城市主干道，内部路网密集纤细，地块被三条道路切分为三个区域，尤其道路南街将场地划分为东西两半。

拓宽斜向后新城道宽度，提升该道路层级，贯通新西南侧。创造缝合四个区块的慢行步道，激活地块内部的 City Walk 行为，重要节点设过街桥连通地块。

绿化分析

场地原有绿化空间较为细碎，除广场公园绿化外，滨河地块缺乏绿化，小区内绿化分布不均匀。

以浠真寺广场与伊利广场为绿化节点，沿滨河与山中西路置景观绿廊，同时沿横向轴线布置景观，提升绿化率，串联场地地块，提升场地活力。

建筑业态分析

原有业态以居民区为主，商业多聚集在中山西路一侧，路边建筑多为上住下商的底商模式。

通过引入全新的轴线，以轴线为准增加更多的公共建筑与公共区域，并以轴线辐射到三大地块的重要公共建筑中。

交通分析

公共交通集中布置在场地边两条主干道上，停车场沿街布置。公共交通覆盖较为全面，但难以顾及场地中心。

结合增设的横向轴线与场地原有斜向轴线，在其交点增设新的公共交通节点，弥补原有公共交通节点无法覆盖场地内部的问题，实现更广更全面的交通覆盖。

建筑节点分析

分布于场地内不同规模的宗教建筑是场地内重要的节点建筑，关系着周边地块的人群走向。

利用旧有建筑创建新的节点建筑并通过横向轴线串联。原有的节点建筑通过竖向的轴线串接并入到横向轴线中，以此覆盖人们的日常生活，增加便利性。

场地周边分析

场地周边仿多为居民区，西侧为人群密集的海岛商区，南侧为代表文化中心的大召，北侧则为市内重要三甲医院。

轴线向东西向延伸串联周边地区，将东侧商圈的人群与滨河两侧小区的人群引入轴线中，沿历史轴线南北串联商业（两兔）居民与历史（大召）。

公共空间分析

场地内公共户外空间聚集在西南角，其余零星分布于小区内。公共户外空间不足且缺乏联系，彼此独立。

沿河道与横向轴线布置公共户外空间，将原有散碎的公共广空间连接起来，供不同地块的人群。同时通过沿河的公共空间激活滨河道的活力。

建筑拆改分析

原场地建筑使用年限较长，有部分废弃建筑，部分建筑的可改造使用。滨河建筑肌理较为混乱，分区不明确。

沿新建横向轴线改造建筑，利用旧医院作为生态景观节点，沿西增设公共建筑，改建原有商业建筑，规整滨河建筑肌理，拆除废弃平房棚屋，留出空地作缓冲。

用地性质分析

场地内以居住用地为主，商业用地将居住用地打断或包围。滨水区地块使用功能较为混乱密集。

沿居住用地与商业用地的分割线布置绿化与公共广场，隔绝噪声与污染。同时延伸滨河水区，通过公共绿化规整地块，作为集居住区之间的缓冲。

CCW – 青云直上 3

核心轴线生成逻辑

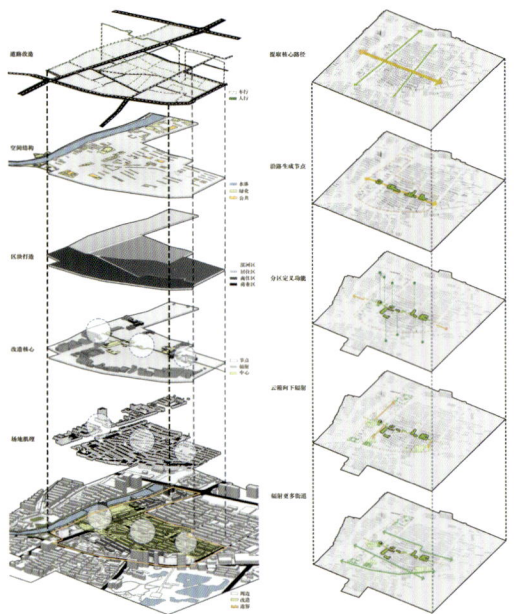

设计以云中郡为起点,与现代云技术结合,打造基于云技术的 City Walk 漫步片区。云计算技术是基于互联网的新计算方式,其特点是集合和共享资源,并可以向用户提供个性化服务。各智能基站将数据传送至计算中心,通过云计算中心对数据进行整合,并传送回基站和下设设施"云箱",完成智能化服务建设。

设计分析

总平面图

CCW – 青云直上 4

重点改造区块断面图

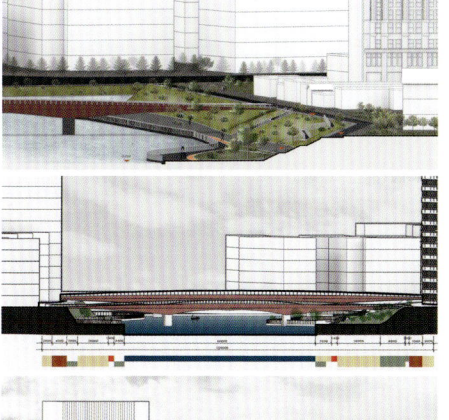

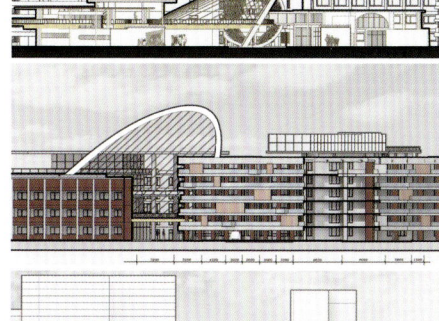

区块控制指标

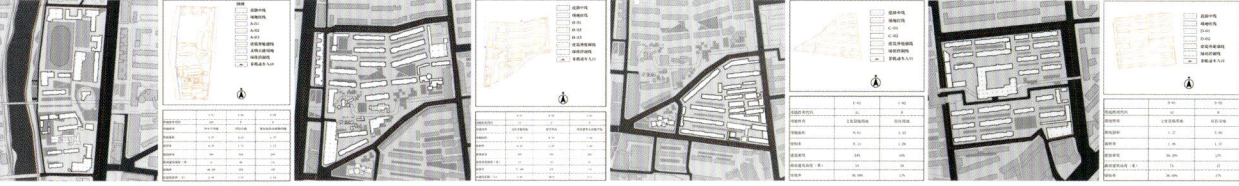

重点改造区块

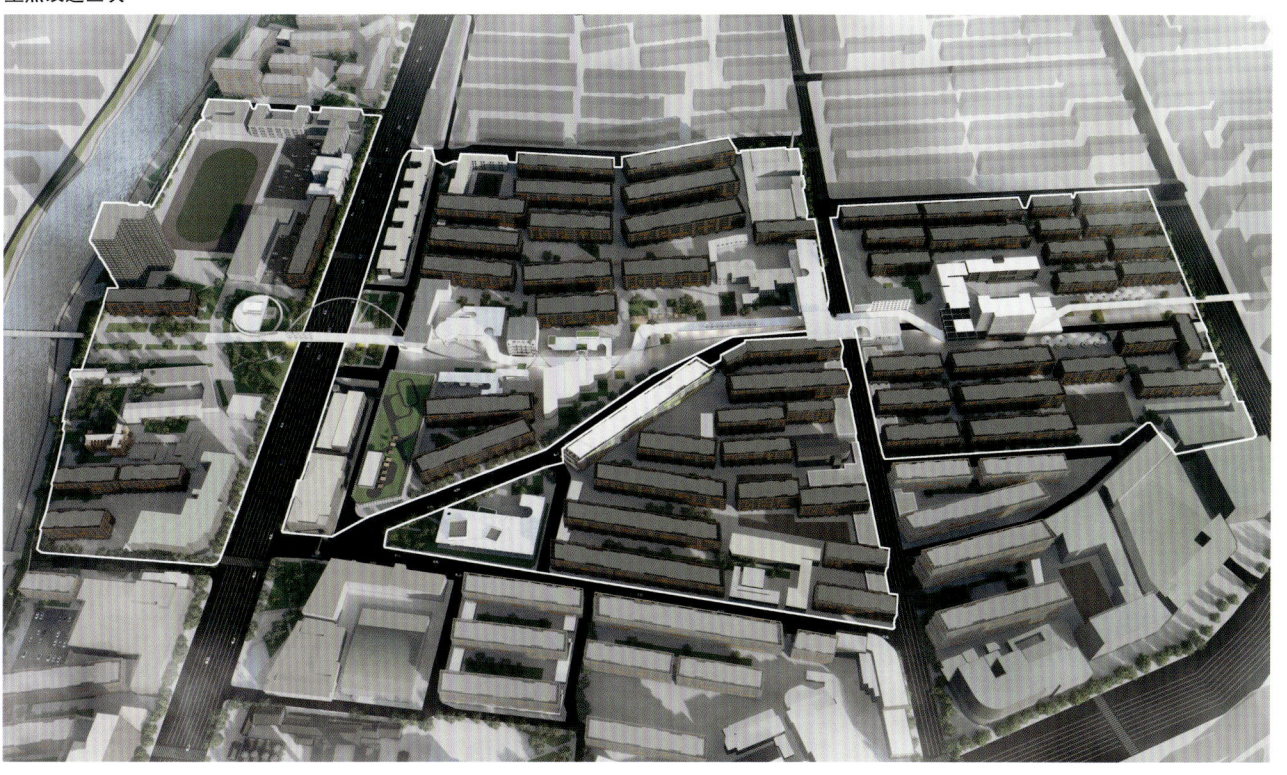

轴线、滨河天际线

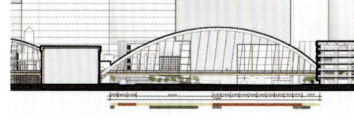

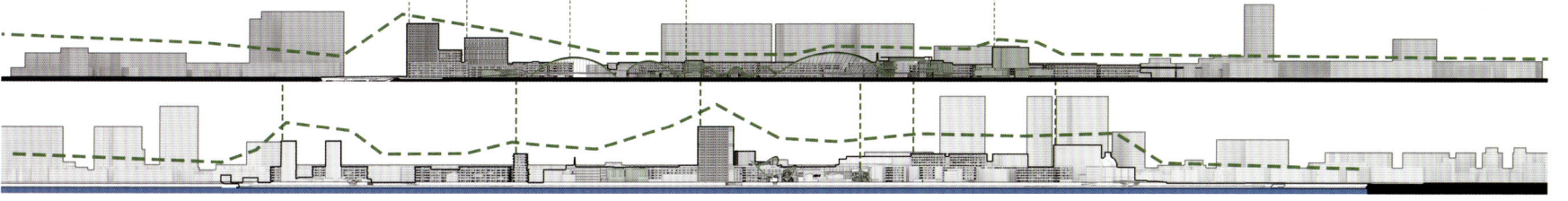

内蒙古工业大学一组

CCW – 青云直上 5

小组成员

从左到右：韦洋、张琦、王安、解瑶

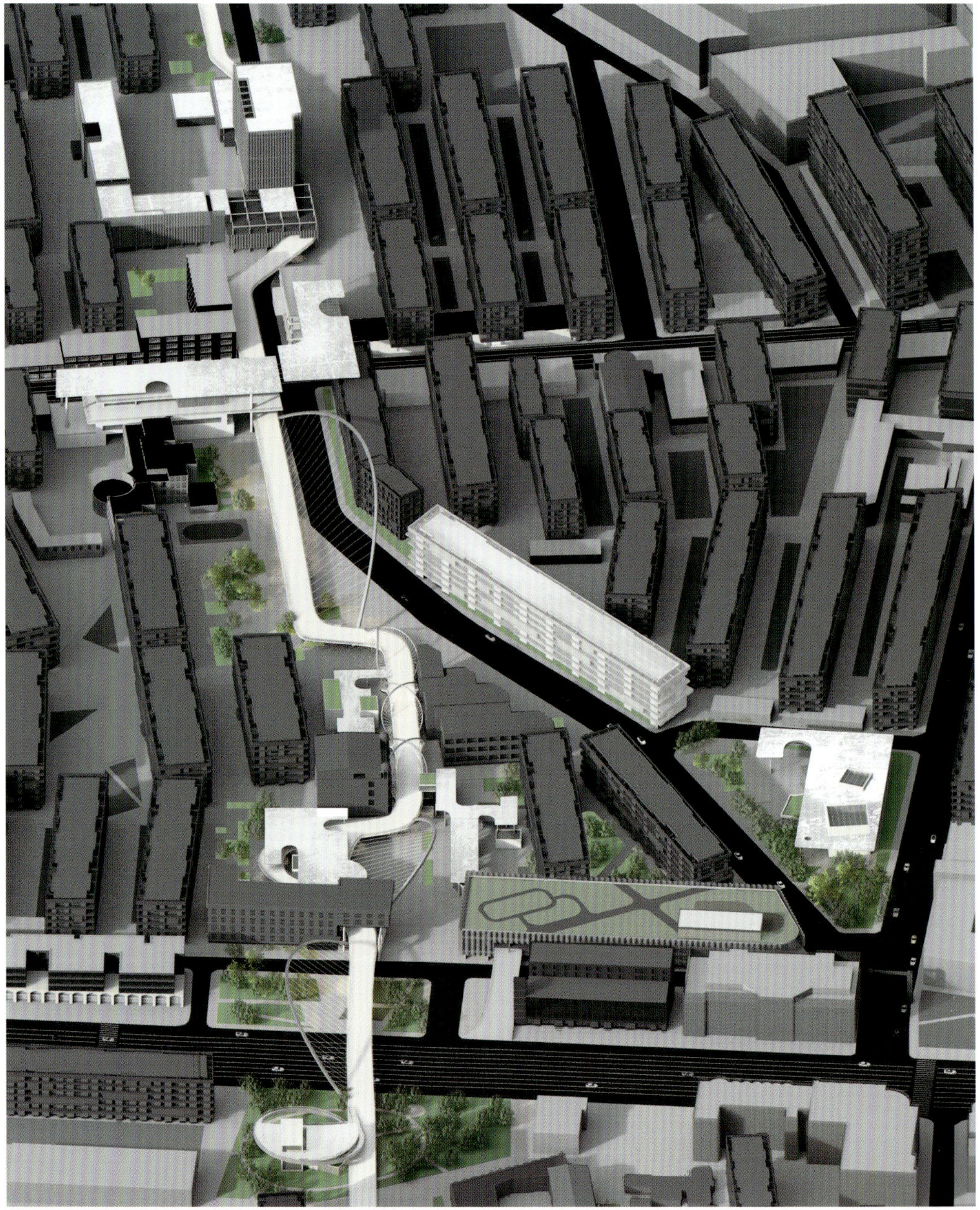

设计总结

通过这次城市设计项目，我们小组的成员相互支持、密切合作，共同克服了许多挑战，深刻体会到了团队合作和创新思维的重要性，大家在联合设计中学到了全新的知识，同时也与外校的同学结下了深厚的友谊。在未来的学习生活中，我们将继续努力提升自己的专业技能和团队合作能力。

在设计中，我们注重对城市可持续性和人居环境的改造与更新。设计旨在建立一个智能、可持续和宜居的数字城市，为居民提供更好的生活品质。在设计概念中，我们将现代数字技术与一条中心轴线街道相结合，连通了城市的过去与未来。这种整合为城市提供了巨大的机会和潜力，使城市能够实时收集、分析和利用各种数据，从而激活整个区域的活力。城市设计为我们带来许多新的思考观点与方向，它与单体建筑设计的思维方式与设计方法都有所不同，城市的上位规划与宏观关系才是应该关注的重点。在做设计的过程中，应当思考新建的建筑会对城市旧有的秩序与功能产生什么影响，谨慎地进行改造。

最后，感谢在整个城市设计过程中指导我们的专家与老师。他们耐心地与我们进行讨论和交流，使我们深刻认识到城市设计的复杂性和重要性，对我们的设计理念和方案起到了至关重要的作用，再次感谢各位老师给予的悉心指导和支持。

内蒙古 · 呼和浩特

呼和浩特宽巷子民俗文化片区城市更新设计

忆享　异想

内蒙古工业大学二组

游曼俪　饶帮尉　药润楠　黄　颖

忆享 异想 1

设计说明

以宽巷子文化片区优越的交通条件、丰富独特的民俗文化及充满烟火气、市井气的生活氛围为前提，为呼和浩特宽巷子片区寻回在城市坊舍街肆中的市井记忆，重述过去的精彩故事。结合异想，构建文化回忆轴与智慧创新轴，形成混合五感的街肆巷陌，仔细聆听听百年古建的呢喃，构建全民融创、复合多元的街区设计。创造纵向两主轴、两次轴，并通过横向的绿色景观带连接四轴，从而形成文化记忆回味线、智慧创新线、滨河休闲线、绿化线，连线成面带动宽巷子文化片区发挥新时代的城市功能。

更新策略

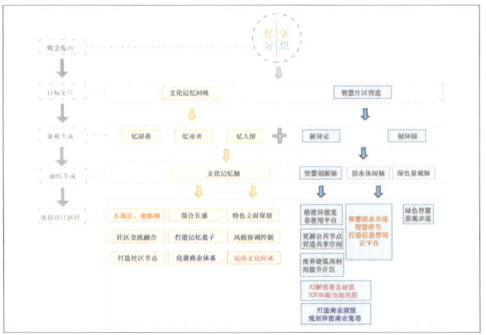

详细地块

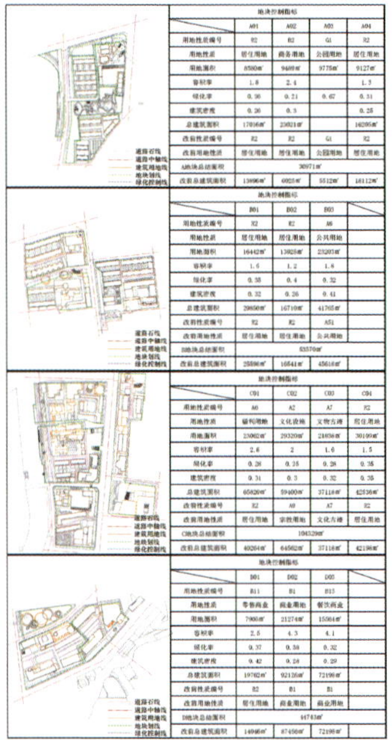

设计分析

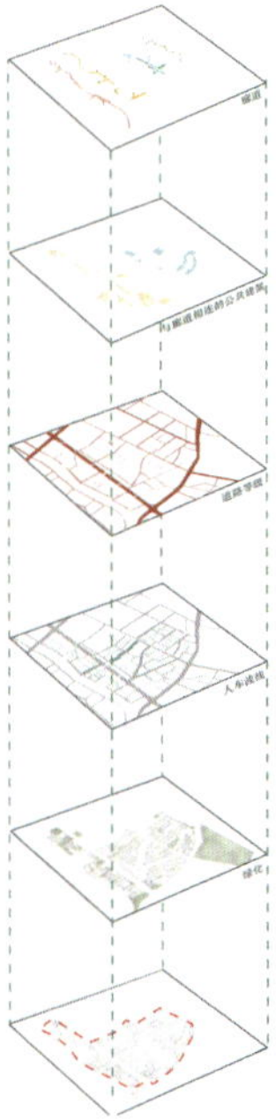

总平面图

忆享 异想 2

忆居巷

步骤一：梳理毛细路网，划分邻里

步骤二：形成公共网络

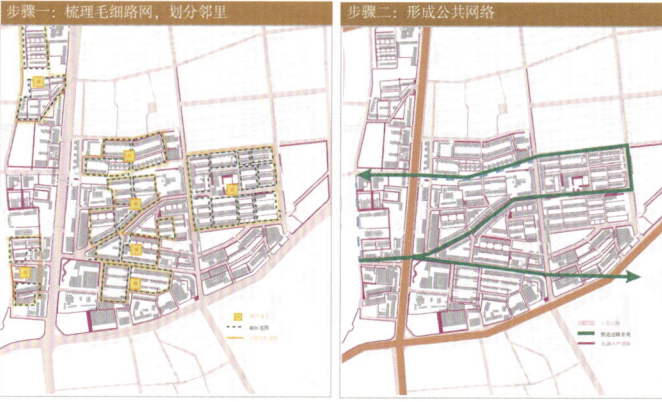

忆人情

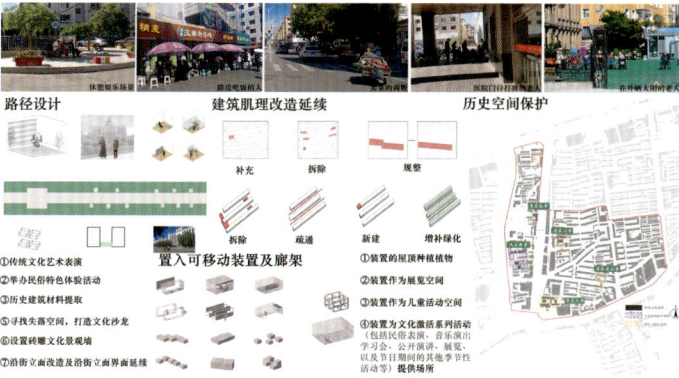

路径设计　建筑肌理改造延续　历史空间保护

补充　拆除　规整

拆除　疏通　新建　增补绿化

①传统文化艺术表演
②举办民俗特色体验活动
③历史建筑材料提取
④寻找失落空间，打造文化沙龙
⑤设置砖雕文化景观墙
⑥沿街立面改造及沿街立面界面延续

置入可移动装置及廊架

①装置的屋顶种植植物
②装置作为展览空间
③装置作为儿童活动空间

①装置为文化激活系列活动
（包括民俗表演、音乐演出、学习会、公开演讲、展览、以及节日期间的其他季节性活动等）提供场所

新异元

步骤一：创建异想角色名

步骤二：设计异想元游街区平台使用方法

开始体验　　　　　　　　体验结束

步骤三：建立宽巷信息端　步骤四：创建游戏策划节事体验

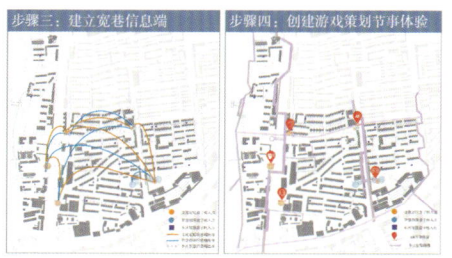

回民现代
居住片区

回民现代
居住片区

市级商业

清真大寺
重点保护片区

传统风貌
居住片区

青

091

忆市井

步骤一：收集记忆要素

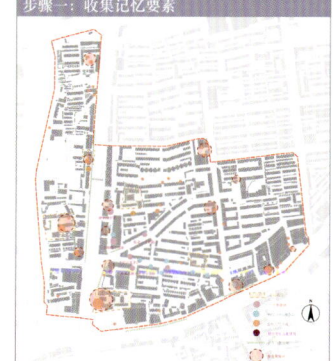

步骤二：叠加社会活动要素

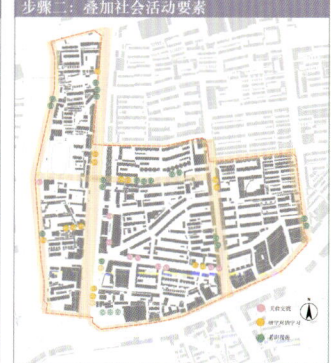

步骤三：混合产生记忆盒子

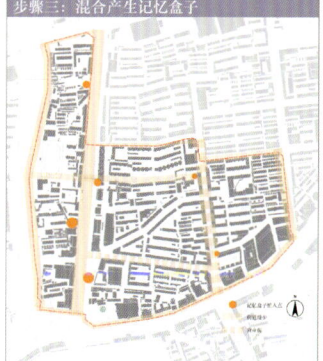

步骤四：策略落地

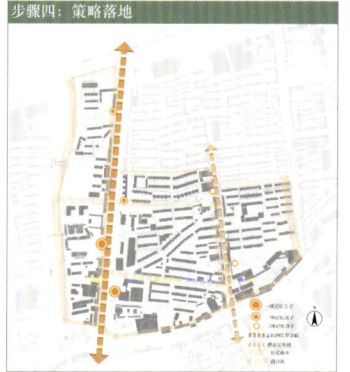

创异元

步骤：寻找失落空间，植新改旧

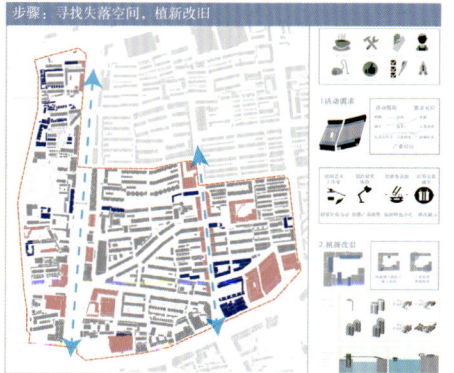

忆享　异想 3

文化回忆轴

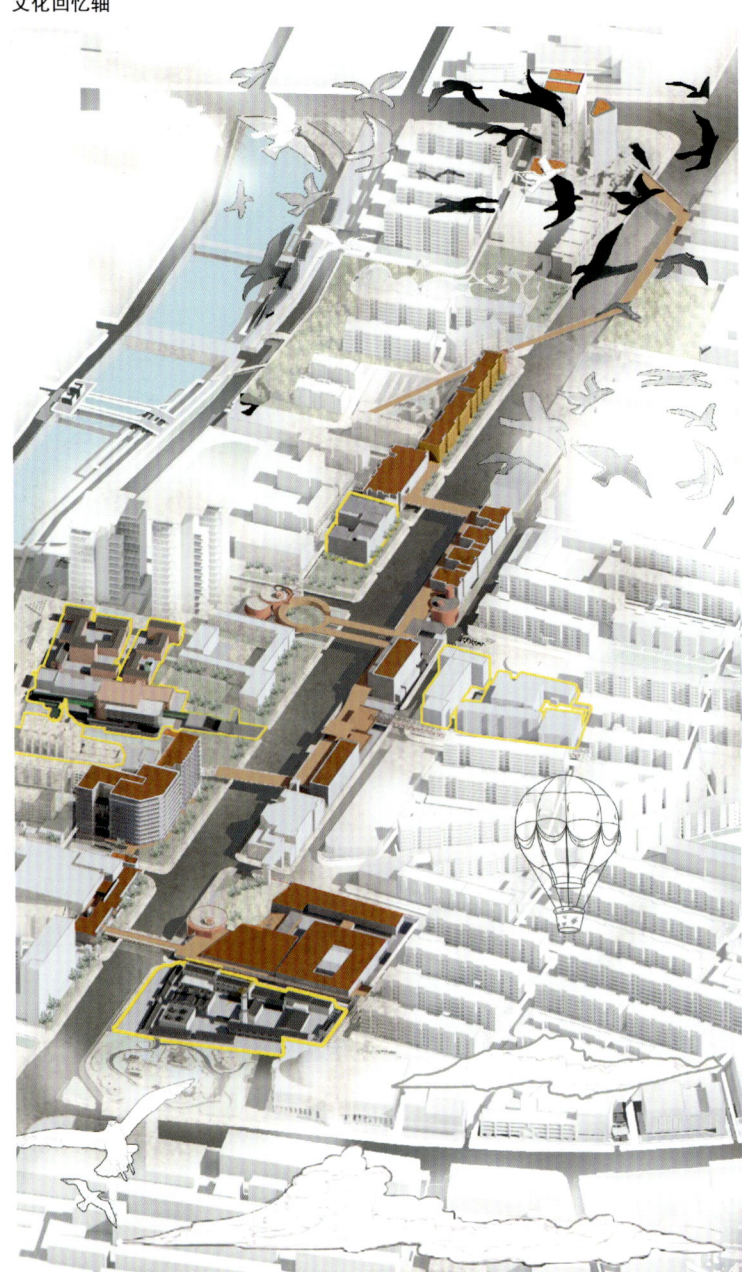

建筑更新

忆享 异想 4

智慧创新轴

1. 数据实时获取和共享

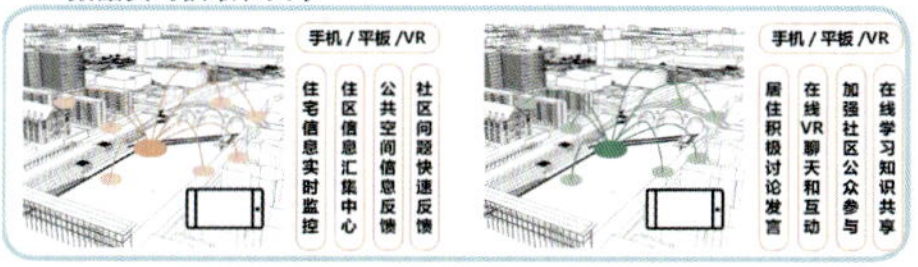
手机 / 平板 /VR
住宅信息实时监控
住区信息汇集中心
公共空间信息反馈
社区问题快速反馈
手机 / 平板 /VR
居住积极讨论发言
在线VR聊天和互动
加强社区公众参与
在线学习知识共享

2. 居住公共空间共享计划——虚拟场景个性化定制

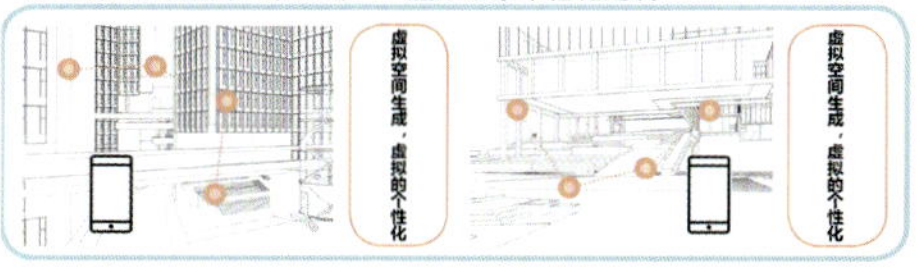
虚拟空间生成，虚拟的个性化
虚拟空间生成，虚拟的个性化

3. 社区改造与公共云空间交互

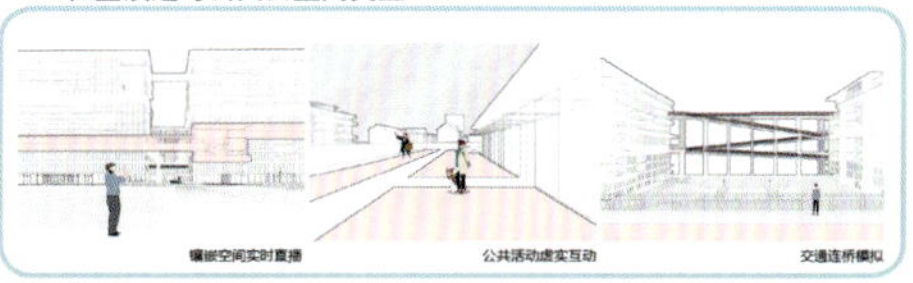
镶嵌空间实时直播
公共活动虚实互动
交通连桥模拟

4. 居住单元个性化定制

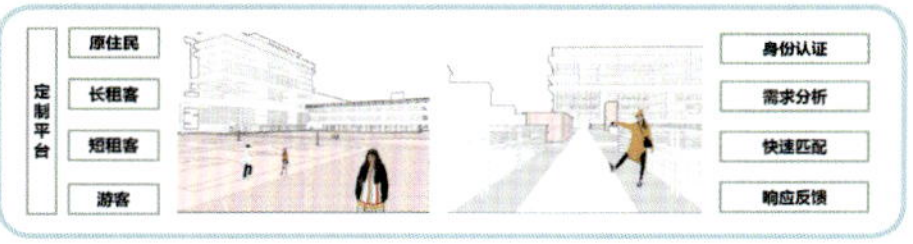
定制平台
原住民
长租客
短租客
游客
身份认证
需求分析
快速匹配
响应反馈

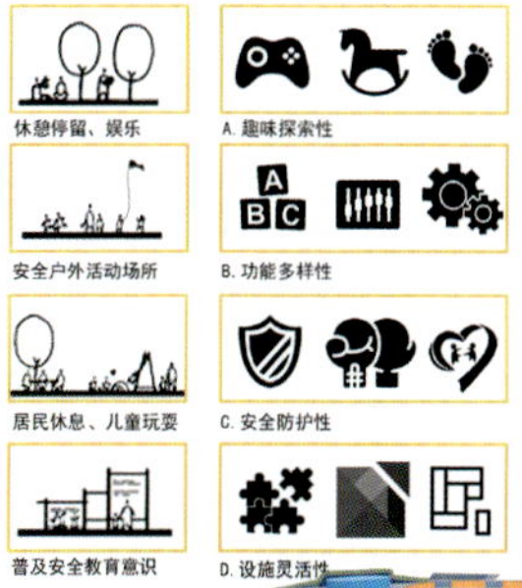
休憩停留、娱乐
A. 趣味探索性
安全户外活动场所
B. 功能多样性
居民休息、儿童玩耍
C. 安全防护性
普及安全教育意识
D. 设施灵活性

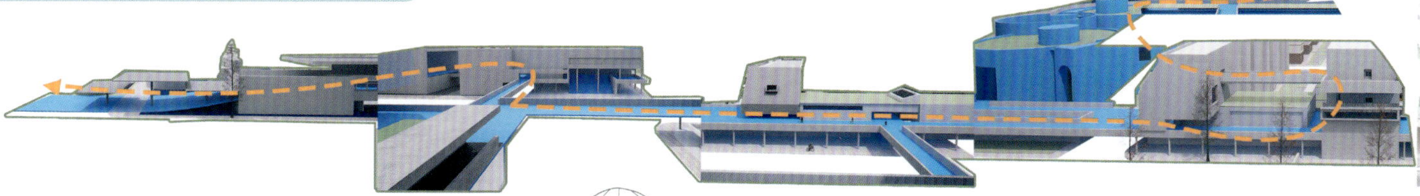
幼儿园
儿童活动场所
放学去哪

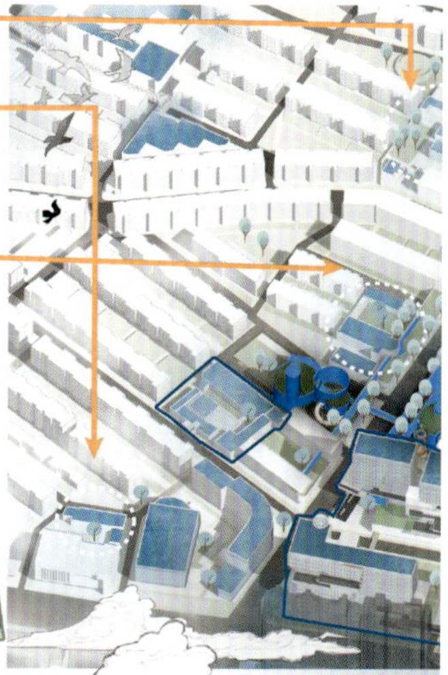

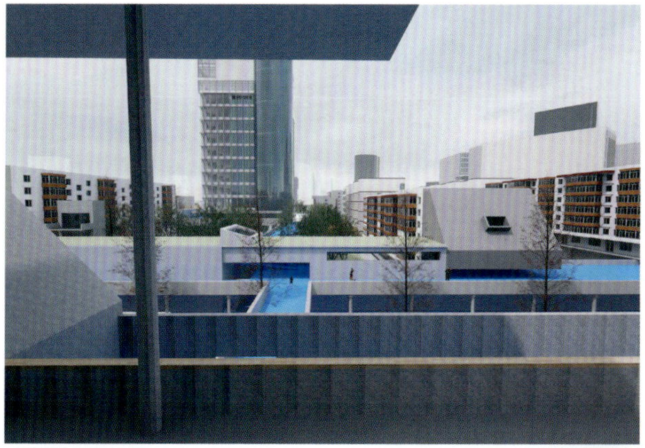

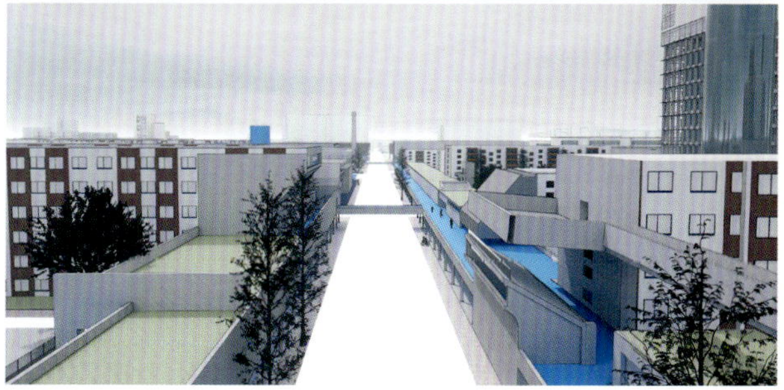

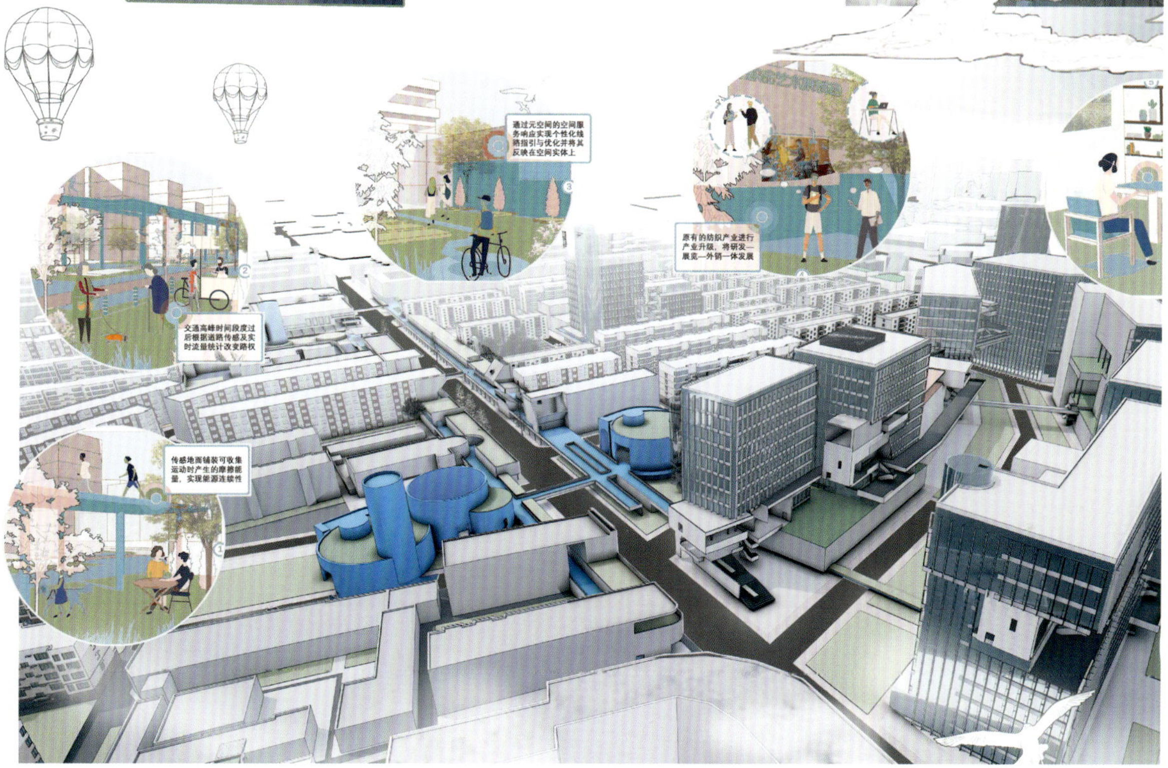
通过元空间的空间服务响应实现个性化线路指引与优化并将其反映在空间实体上
原有的纺织产业进行产业升级，将研发—展览—外销一体发展
交通高峰时间段度过后根据道路传感及实时流量统计改变路权
传感地面铺装可收集运动时产生的摩擦能量，实现能源连续性

忆享　异想 5

小组成员

从左到右：药润楠、饶帮尉、黄颖、游曼俪

设计感想

参加四校联合城市设计对我们来说是一个充满挑战和机遇的过程，也是非常有意义的经历。与侧重于单体建筑的建筑设计不同，城市设计更强调对城市片区的整体空间规划，注重整体性和系统性，以及城市层面的发展规划和空间组织。在开始的时候，面对大面积的城市设计我们有些手足无措，但根据老师的指导，我们确定了绿色景观带连接两主轴、两次轴这一大框架，连线成面，唤醒、传承当地民俗文化，与异想智能建设相结合，提升片区活力的同时将商业旅游与当地居民日常生活进行区分，从而构建复合多元的城市片区设计，产生新发展。

游曼俪：在此次四校联合设计中，通过对城市设计进行系统学习，体会到如何在规范与设计创新之间取得平衡。在老师的指引下，从整体入手，从宏观到微观，发现需要不断思索、综合分析来解决问题。由于这次城市设计是第一次进行团队合作，当团队成员都为同一个目标努力时，团队合作变得更加高效有力，可以共同思考问题的解决方案，协商、找到最佳的解决办法。最后，感谢各位老师在设计过程中的指导。

饶帮尉：在与来自不同学校、不同地区的同学们交流的过程中，我不仅收获了关于城市设计的宝贵见解，更重要的是，我感受到了团队合作的真正价值。每个人都带着热情和才华，共同探讨、合作解决问题，在平衡利弊中用不同的眼光看待问题，产生思想碰撞的火花。建筑的本身就自带魅力，而在建筑成长过程中我们所经历的故事，也许才是我们未来建筑师设计的原点吧。最后，还要感谢此次设计中所有老师的教导。

药润楠：本次我在四校联合城市设计中收获很多，通过各校老师的指导和与各校建筑学学生的交流，进一步认识到了城市设计的许多方法。共同协作，探索城市发展新路径是一件十分有趣的事情。随着联合课程设计的不断深入，我还认识到，伴随着城市发展，建筑单体也有着多元的应用场景和使用需求，城市设计是一个动态的过程。

黄颖：首先，非常感谢老师的指导和帮助，在设计过程中始终陪伴我们，一直耐心地针对方案提出问题并共同探讨解决办法，从前期调研到最后成果出图，一直都是老师在背后支持我们并给予我们建议与鼓励，使我们的方案设计能够实现质的提升。同时也要感谢各位队友的包涵和鼓励，一起共同克服困难一路走完全程，十分幸运能和你们一起完成设计，过程中彼此相互鼓励，相互探讨，有过挫折，也有过迷茫，唯一不变的是对方的陪伴与坚持。通过这次设计，我也认识到自己有很多不足，在之后的学习中要更加努力！

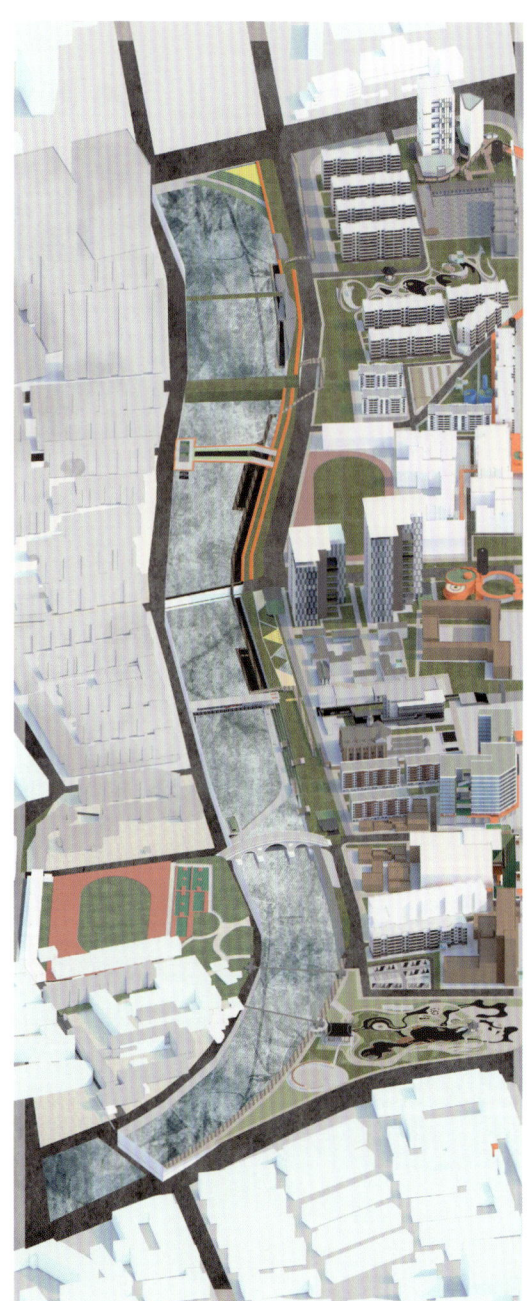

后

记

　　本次联合城市设计教学的设计图书至此完成。书中回顾了近一年来四校师生跨校、跨地域、跨年龄的愉快合作，将那些难忘的瞬间和精彩的设计呈现在大家面前。这其中既凝结了各校同学对当下城市更新与遗产保护的思索、追问和展望，也承继了北方四校联合城市设计教学项目合作师生的学识、碰撞和友谊。可谓教学相长、青出于蓝。

　　本次教学过程针对存量背景下呼和浩特宽巷子民俗文化片区历史城区更新发展面临的挑战和机遇，开展合作教学研究，各校师生以不同的学术背景、知识积累、教学模式，经历"立题、解题、破题"的思想碰撞，也在深入现场、调研访谈、协同合作的教学过程中，对城市历史城区发展的问题和挑战抽丝剥茧，理解地域特质、发掘城市潜能的同时，以设计赋能，使教学进程转化为发展探研，更怀着人本思想和人文精神，反思现实、前瞻未来。相信各校师生在这个过程中对城市设计教学有了更为深入的理解，也必然会在今后各校的本科教学研究、同学们未来的设计实践中发挥潜移默化的作用。

　　本书撰写与出版过程中，参与联合设计的四校老师与学生们积极参与选题决策、现场调研、联合教学和成果编辑的全过程，本书的所有成果共同归属所有参与院校的全体师生。呼和浩特市自然资源局提供了联合教学所需的相应的准确工作底图和规划基础资料，呼和浩特将军衙署博物馆张晓东先生提供了有关呼和浩特市历史文化演进和城市建筑文化的精彩讲座，并就城市历史文化专题进行了答疑，再次特别致谢！中国建筑工业出版社刘静编辑及各位同仁精心校订审阅，保证了本书的高质量完成，一并致谢！限于编者水平，错讹在所难免，恳请诸位方家批评指正！联合城市设计教学活动的宝贵记录，也可为从事城市设计的教学、科研人员及建筑学专业的本科生、研究生提供参考。